HISTOIRE

UNIVERSELLE

DU RÈGNE VÉGÉTAL.

HISTOIRE

UNIVERSELLE
DU RÈGNE VÉGÉTAL,

OU

NOUVEAU DICTIONNAIRE

PHYSIQUE ET ÉCONOMIQUE

DE TOUTES LES PLANTES QUI CROISSENT SUR LA SURFACE DU GLOBE:

CONTENANT leurs noms Botaniques & Triviaux dans toutes les Langues, leurs classes, leurs Familles, leurs Genres & leurs Espèces ; les endroits où on les trouve le plus communément ; leur culture ; les animaux auxquels elles peuvent servir de nourriture; leurs analyses chymiques; la manière de les employer pour nos alimens, tant solides que liquides; leurs propriétés, non-seulement pour la Médecine des hommes, mais encore pour celle des animaux ; les doses & la manière de les formuler, & les différens usages pour lesquels on peut s'en servir dans les Arts & Métiers, &c. &c. &c.

ON y a joint une Bibliothèque raisonnée de tous les livres de Botanique, l'explication des différens termes usités dans cette partie de l'Histoire Naturelle ; une notice de tous les systêmes, & enfin la liste des Professeurs & des Jardins Botaniques de l'Europe.

Ouvrage orné de 1100 Planches gravées en taille-douce par les meilleurs Maîtres, & dessinées d'après nature.

Par M. Buc'hoz, Docteur en Médecine, Médecin Botaniste de Monsieur, frère du Roi, & Médecin de Quartier Surnuméraire de sa Maison, ancien Médecin de quartier de Monseigneur le Comte d'Artois, & Médecin ordinaire de feu Sa Majesté le Roi de Pologne, Aggrégé au Collège Royal & à la Faculté de Médecine de Nancy, Associé des Académies de Mayence, de Châlons, d'Angers, de Dijon, de Béziers, de Caen, de Bordeaux & de Metz, Correspondant de celles de Rouen & de Toulouse ; Membre de la Société Royale d'Agriculture de Rouen.

TOME SEPTIEME DES PLANCHES.

A PARIS.

Chez BRUNET, Libraire, rue des Écrivains, vis-à-vis le Cloître Saint-Jacques-la-Boucherie.

M. DCC. LXXV.

Avec Approbation & Privilége du Roi.

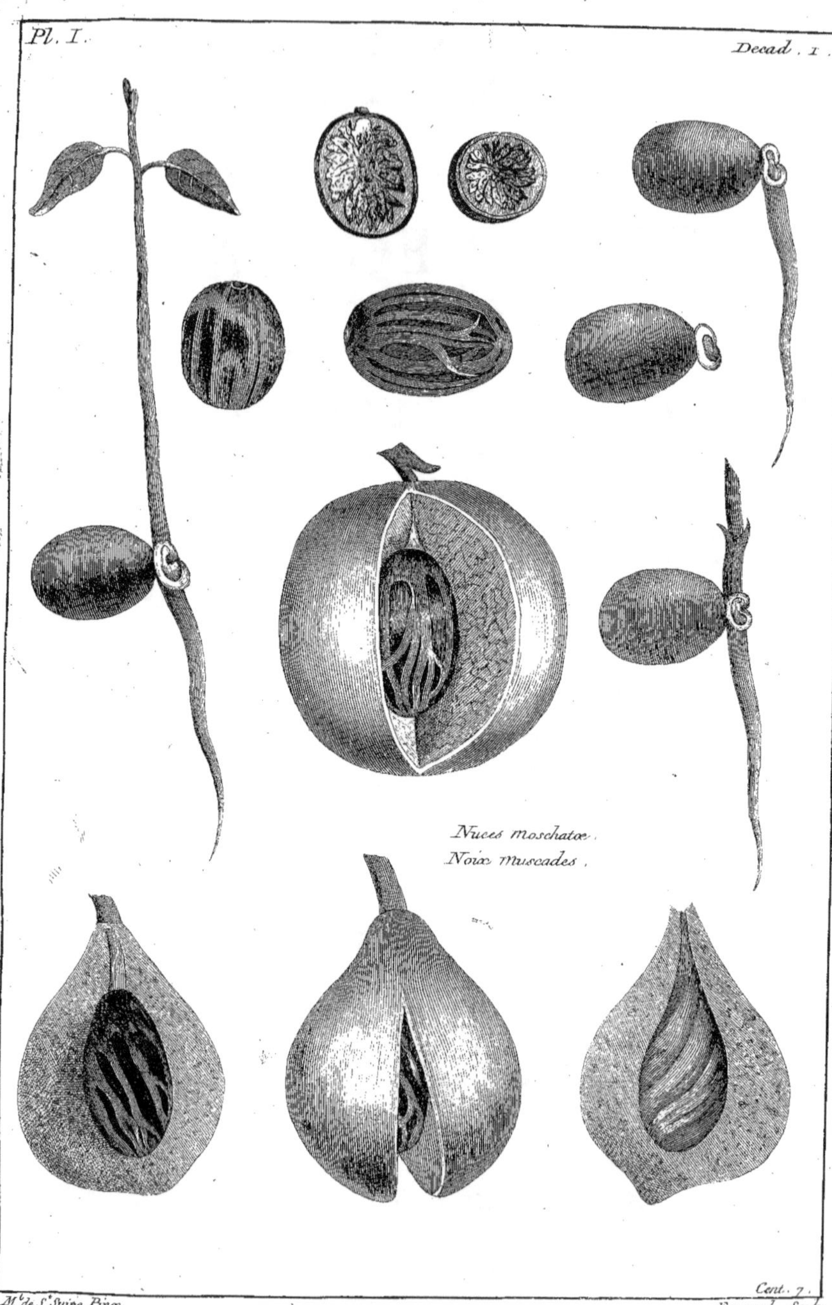

Nuces moschatæ.
Noix muscades.

Clematis vitalba. Linn.
Sp. plant 767.
Clematite ordinaire.

Fig. 1. Curcuma rotunda.
Linn. Sp. pl. 5. p. 173. T. 69.
Zerumbet claviculatum. Rumph.
6. p. 173. T. 69.
Fig. 2. Kœmpferia galanga.
Linn. Sp. plant. 3.
Sonchorus. Rumph. ibid.
Socur.
Fig. 3. Gandasulum. Rumph.
ibid.
Gandasuli.
Fig. 2.
Fig. 3.
Fig. 1.

Fig. 1. Dolichos ensiformis. Linn. Sp.
plant. 1022.
Fig. 1. Lobus machæroides. Rumph. 5. p. 376. T. 135.
Feve de la Jamaique.
Fig. 2. Cytisus cajan. Linn. Sp. plant. 1041.
Phaseolus balicus. Rumph. ibid.
Cytise en Arbre.

Cent. 7.

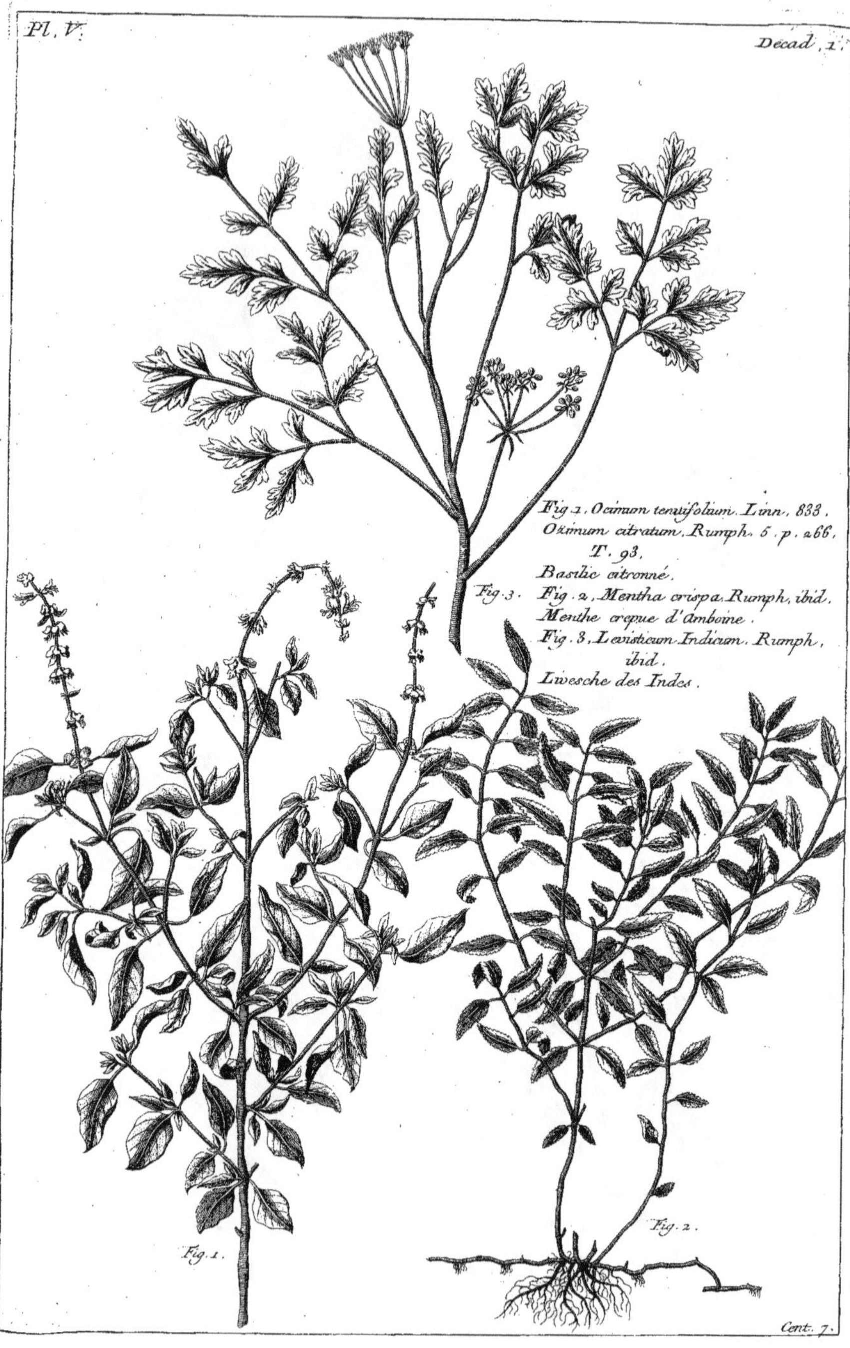
Pl. V.
Decad. 1.
Fig. 1. Ocimum tenuifolium. Linn. 833.
Ozimum citratum. Rumph. 5. p. 266.
T. 93.
Basilic citronné.
Fig. 2. Mentha crispa. Rumph. ibid.
Menthe crêpue d'Amboine.
Fig. 3. Levisticum Indicum. Rumph.
ibid.
Livesche des Indes.
Fig. 1.
Fig. 2.
Fig. 3.
Cent. 7.

Pl. VI.
Decad. 1.
Capsicum fructicosum. Linn,
Sp. plant. 262.
Fig. 1. Capsicum rubrum.
majus.
Fig. 2. Capsicum rubrum minimum.
Fig. 3. Capsicum flavum.
Fig. 4. Capsicum.
majus. Rumph. 6,
p. 262. p. 88.
Fig. 1.
Fig. 2.
Fig. 3.
Fig. 4.
Cent. 7.

Bunius sativa. Rumph. 3. p. 205.
T. 131.
Bune.

Hibiscus Rosa sinensis. Linn. Sp. plant. 977.
Flos festivalis. Rumph. 4. p. 26. T. 8.
Rose de la Chine.

Pl. IX.
Decad. 1.
Justicia. Linn.
Gendarussa fœmina. Rumph. 4. p. 72.
T. 29.
Bongo bongo.
Cent. 7.

Croton aromaticum. Linn. Sp.
plant. 1427.
Halecus littorea. Rumph. 3, p. 197.
T. 226.
Haleky laut.

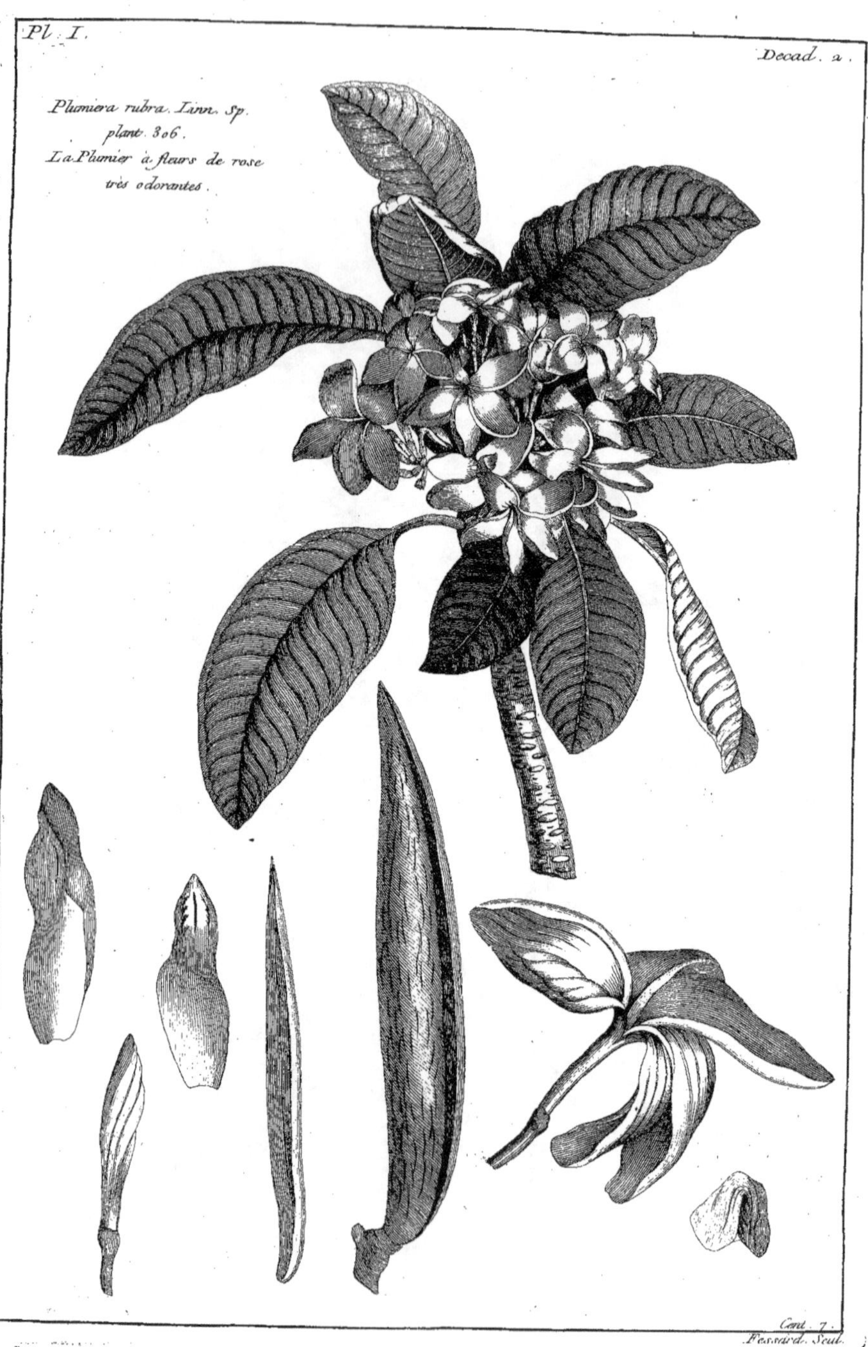

Pl. I.
Decad. 2.
Plumiera rubra. Linn. Sp.
plant. 306.
La Plumier à fleurs de rose
très odorantes.
Cent. 7.
Fessard. Sculp.

Pl. II.
Decad. 2.
Atropa belladona. Linn. Sp. plant. 260.
Belledame.
Cent. 7.
Feuillard Sculp.

Pl. III.
Decad. 2.
Reseda odorata. Linn. Sp.
plant. 646.
Reseda D'égypte.
Carême. Pinx.
Cent. 7.
Fessard. Sculp.

Pl. IV.
Decad. 2.
Calophyllum inophyllum. Linn.
Sp. plant. 732.
Bintangor Maritima. Rumph. 2.
p. 211. T. 71.
Hataur.
C
B
A
Cent. 7.

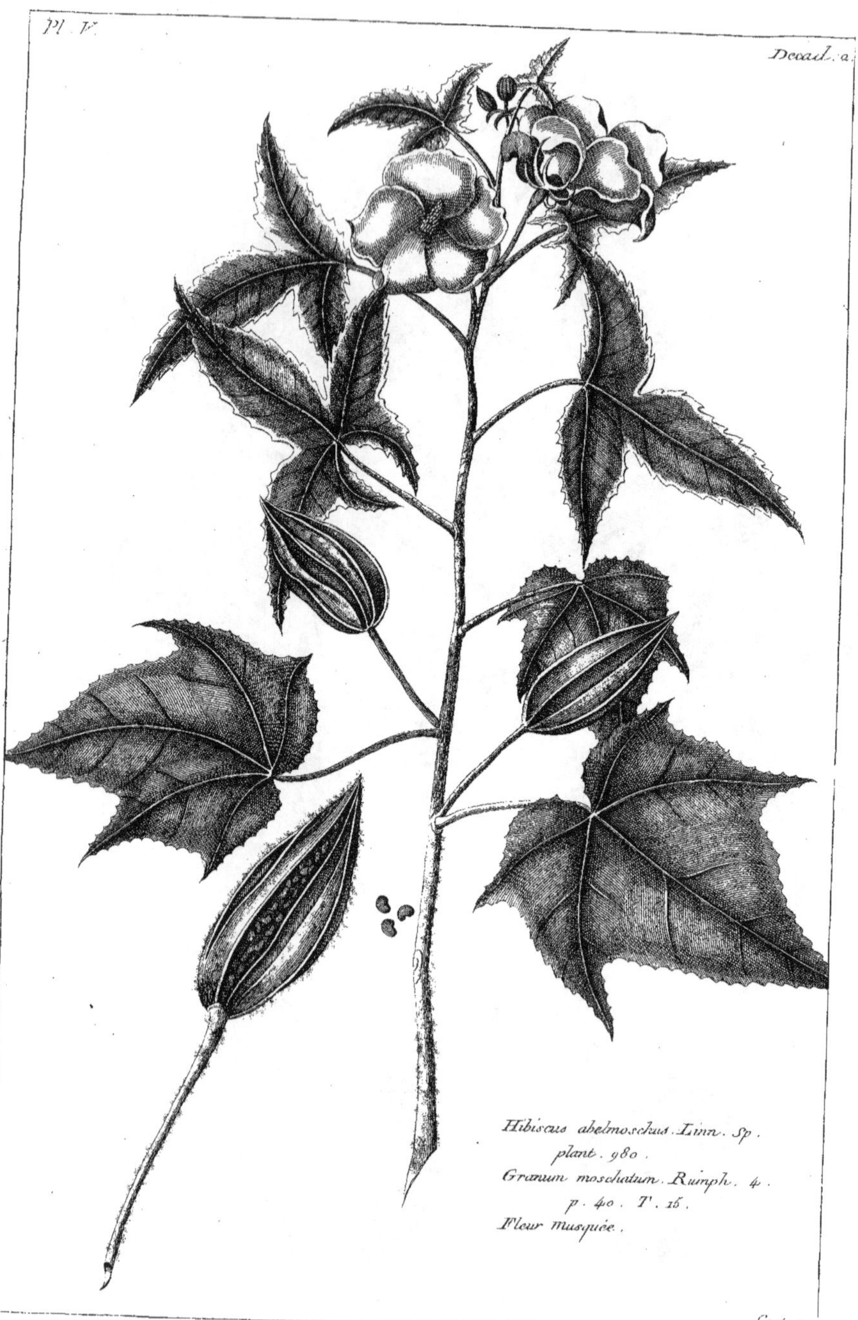
Pl. V.
Decad. 2.
Hibiscus abelmoschus. Linn. Sp.
plant. 980.
Granum moschatum. Rumph. 4.
p. 40. T. 16.
Fleur musquée.
Cent.

Pl. VI.
Decad. 2.
Maranta. H. Clif. 2.
Orundastrum. Rumph. 4. p. 23. T. 7.
Nini.
Cent. 7.

Ficus Bengdalensis. Linn. Sp.
plant. 1514.
Caprificus Amboinensis. Rumph. 3.
p. 148. T. 93.
Figuier de Bengale.

Cent. 7.

Vlet. Rumph. 3. p. 62.
T. 34.
Lemo Lemo.
A

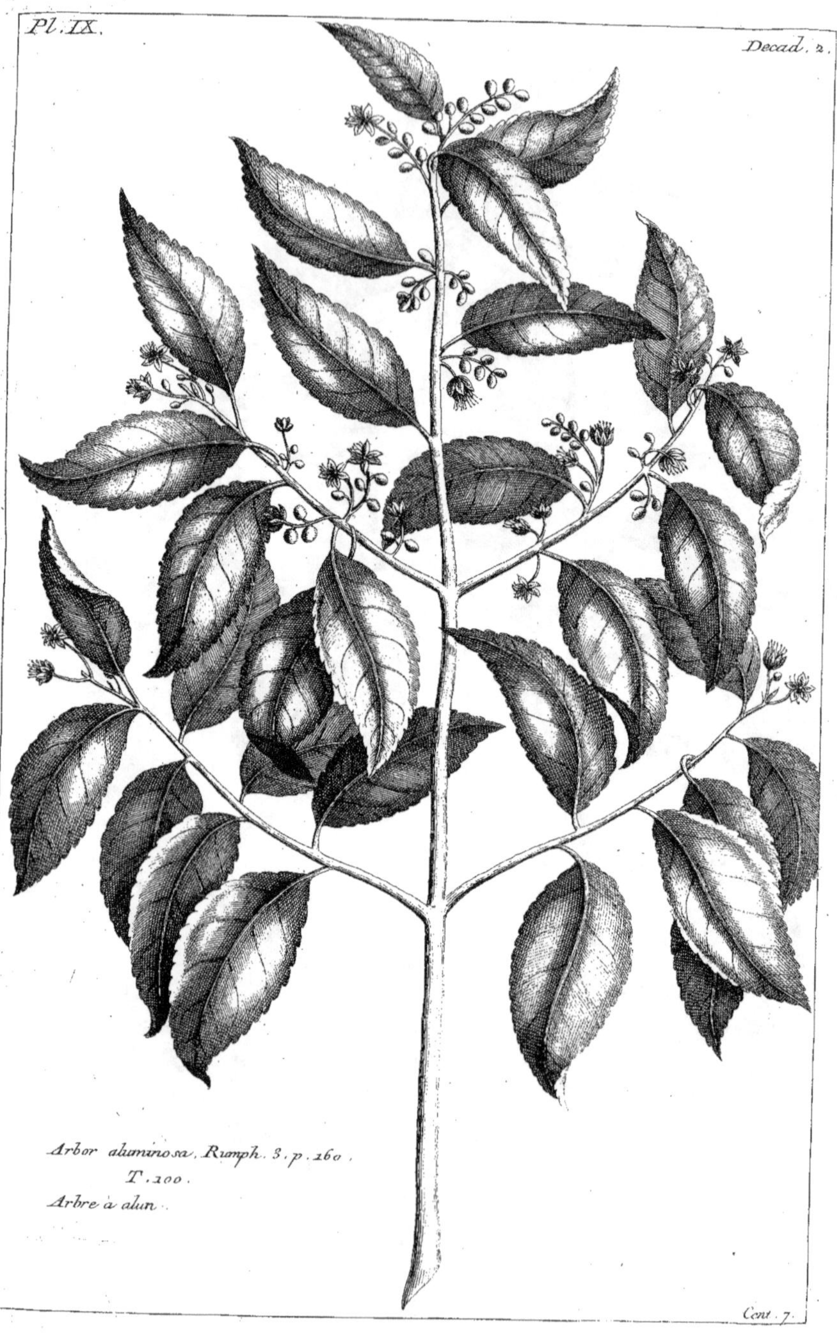

Arbor aluminosa. Rumph. 3. p. 160.
T. 100.
Arbre à alun.

Cent. 7.
J. Robert Sculp.

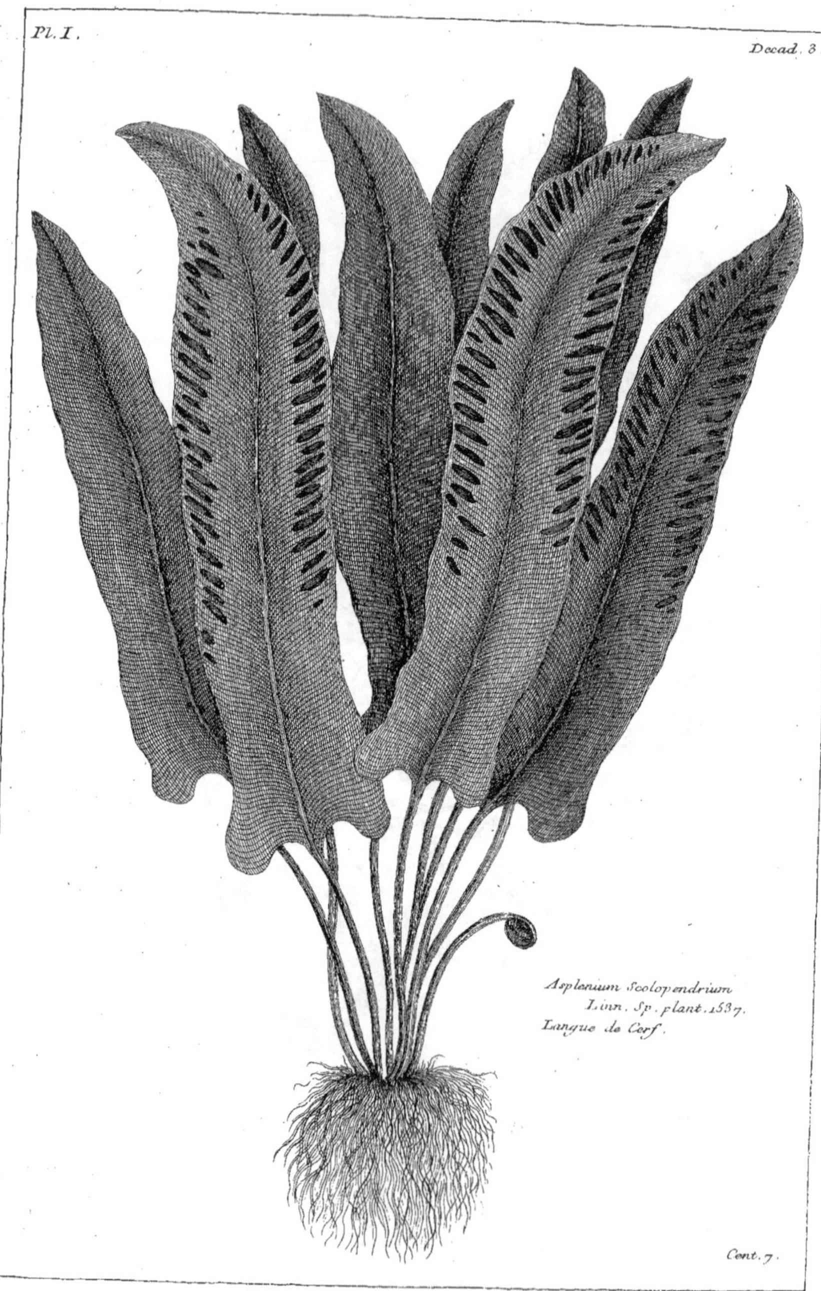

Pl. I.
Decad. 3.
Asplenium Scolopendrium
Linn. Sp. plant. 1537.
Langue de Cerf.
Cent. 7.
Pessard Sculp.

Achillæa mille folium Linn.1297.
Mille feuille.

Cent. 7.

Bossard, Sculp.

Pl. III.
Decad. 3.
Cucubalus Behen Linn. 591.
Been blanc.
Cent. 7
Fessard, Sculp.

Pl. IV.
Decad. 3.
Pulmonaria officinalis Linn. Sp. plant.194.
Pulmonaire.
Cent. 7.
Fessard, Sculp.

Pl. V.
Decad. 3.
Borago officinalis Linn. Sp. plant. 197.
Bourache.
Cent. 7.
Bossard Sculp.

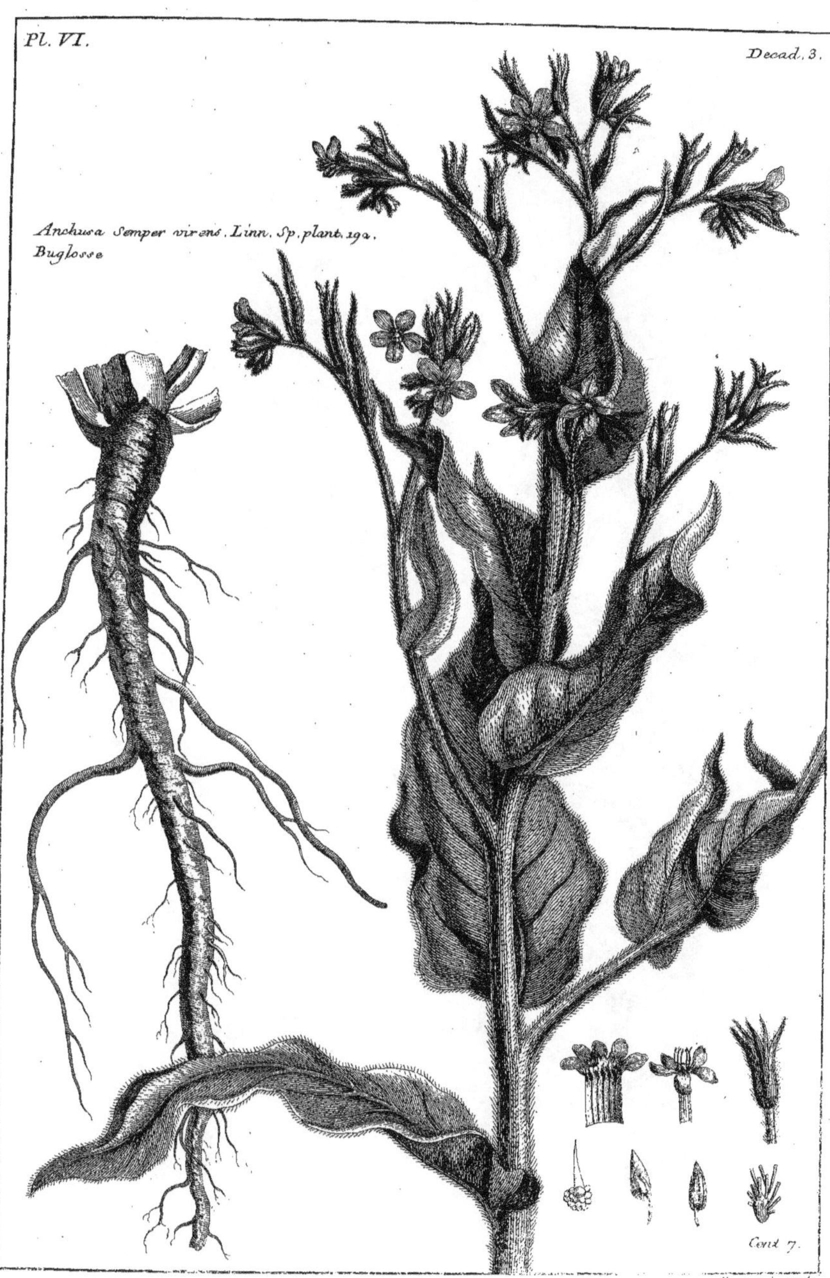

Pl. VI.
Decad. 3.
Anchusa semper virens. Linn. Sp. plant. 192.
Buglosse
Cent 7.

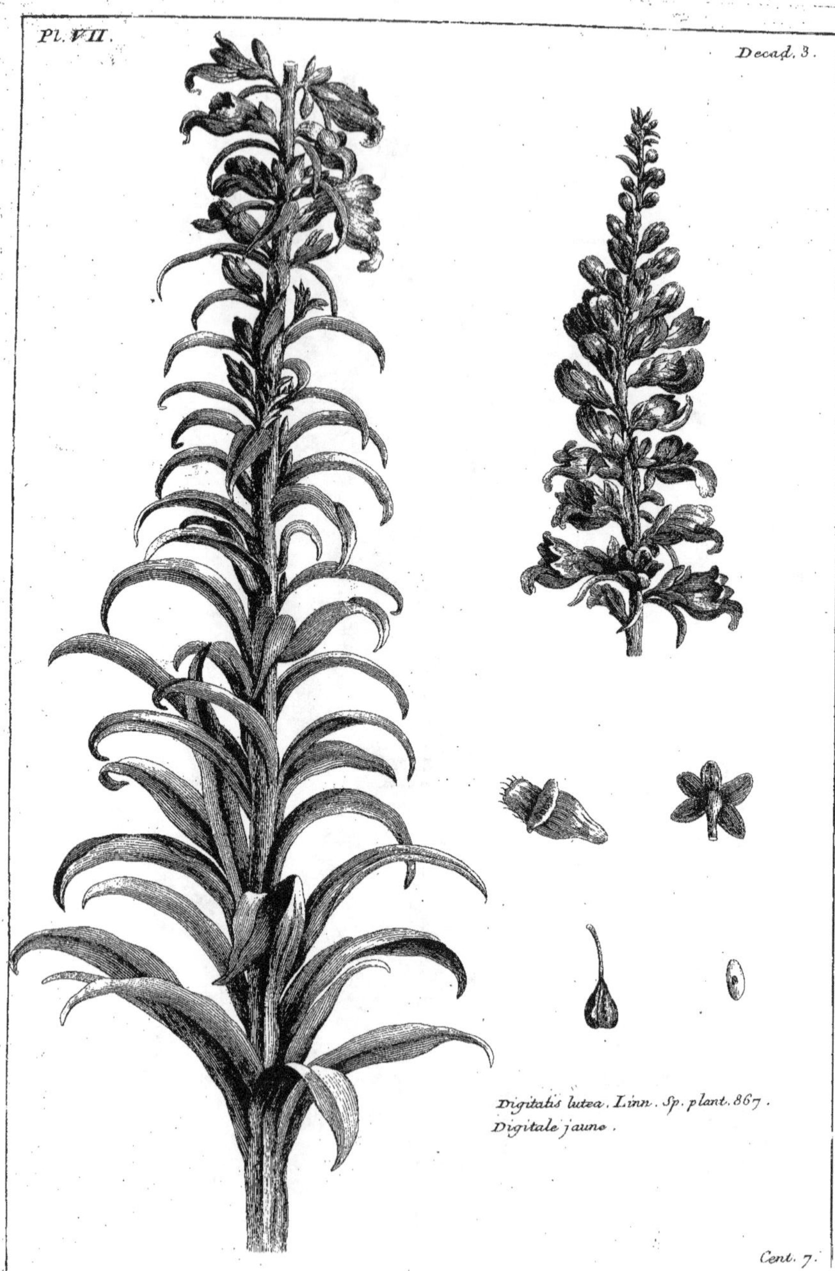

Digitalis lutea. Linn. Sp. plant. 867.
Digitale jaune.

Fessard, Sc.

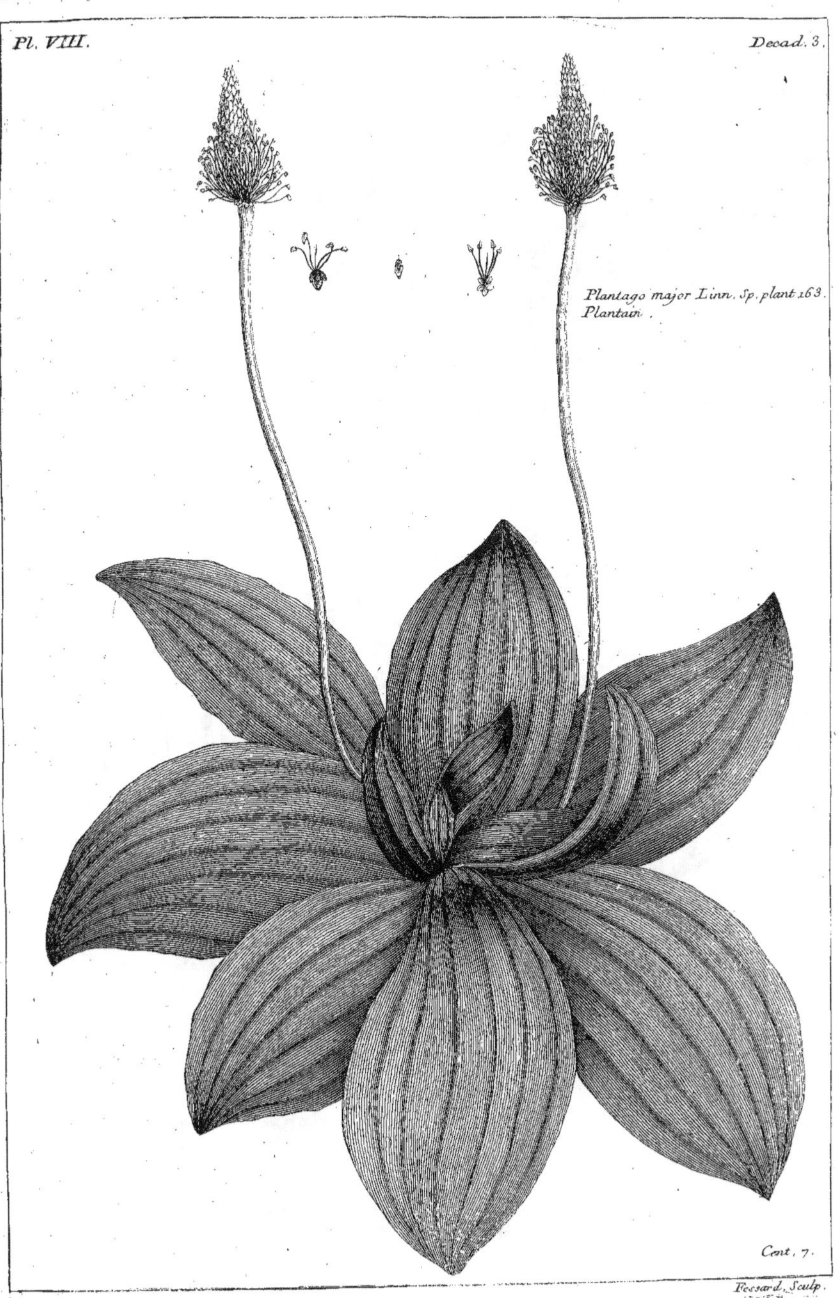

Plantago major Linn. Sp. plant 163.
Plantain.
Cent. 7.
Pessard, Sculp.

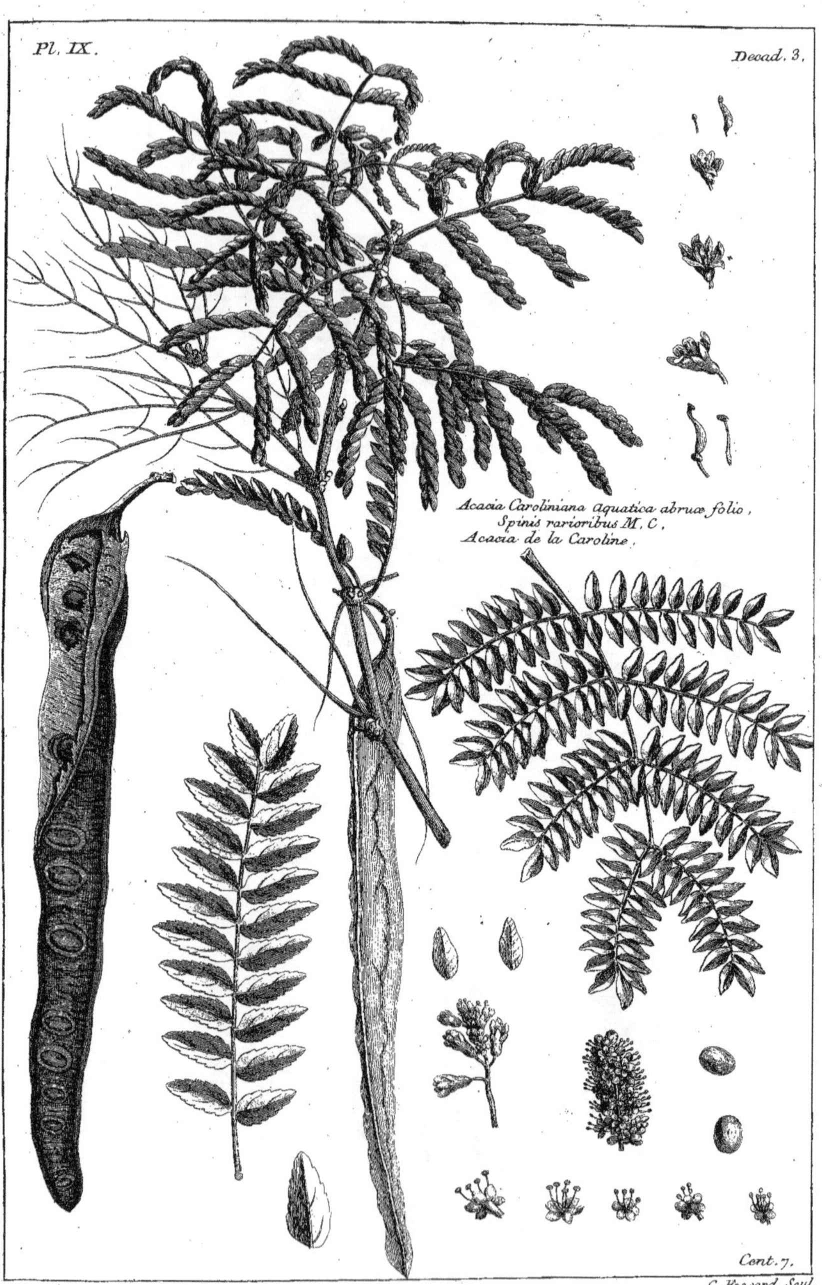

Pl. IX.
Decad. 3.
Acacia Caroliniana Aquatica abruæ folio,
Spinis rarioribus M. C.
Acacia de la Caroline.
Cent. 7.
C. Pessard, Scul.

Pl. X.
Decad. 3.
Betula nigra linn. Sp. Plant. 1394.
Bouleau à Feuilles d'Orme.
Cent. 7.
C. Fessard, Sc.

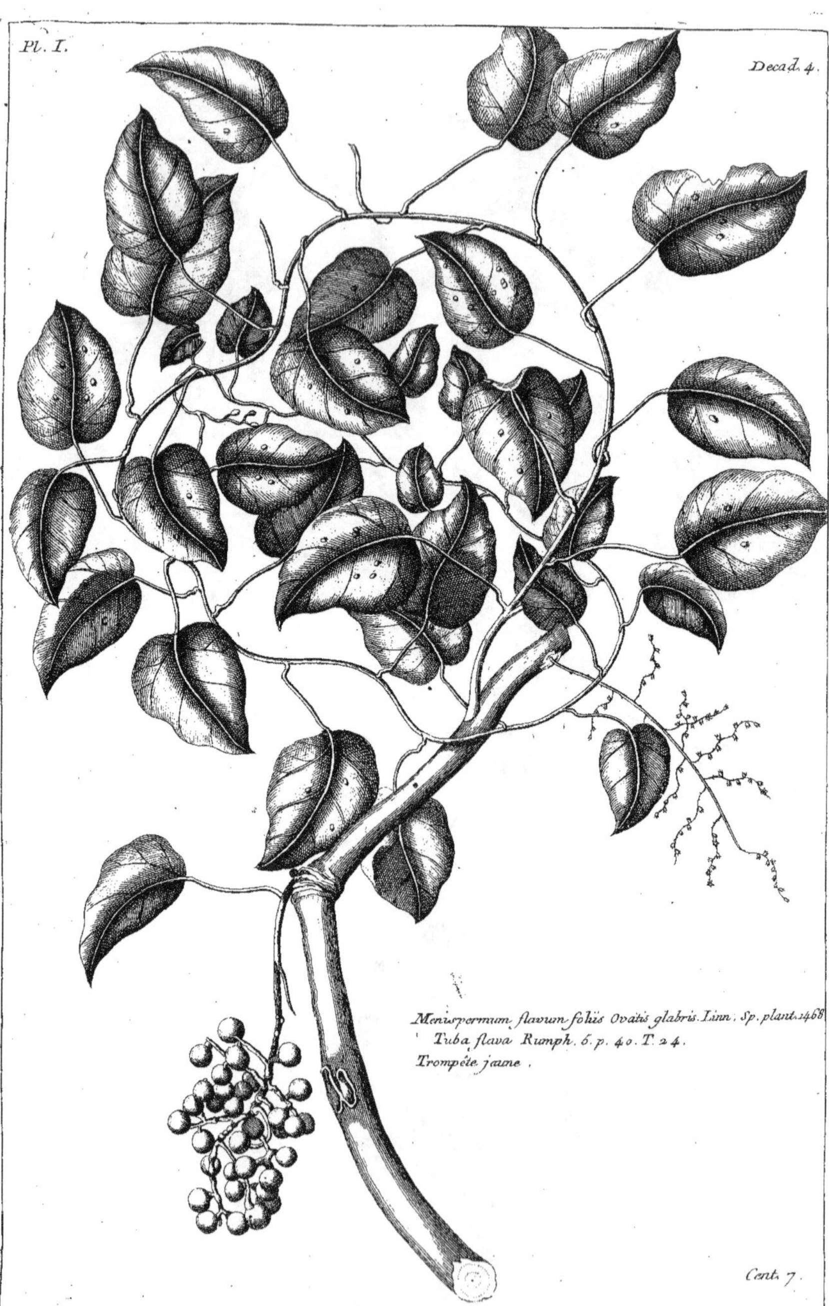
Pl. I.
Decad. 4.
Menispermum flavum foliis Ovatis glabris. Linn. Sp. plant. 1468.
Tuba flava Rumph. 5. p. 40. T. 24.
Trompéte jaune.
Cent. 7.

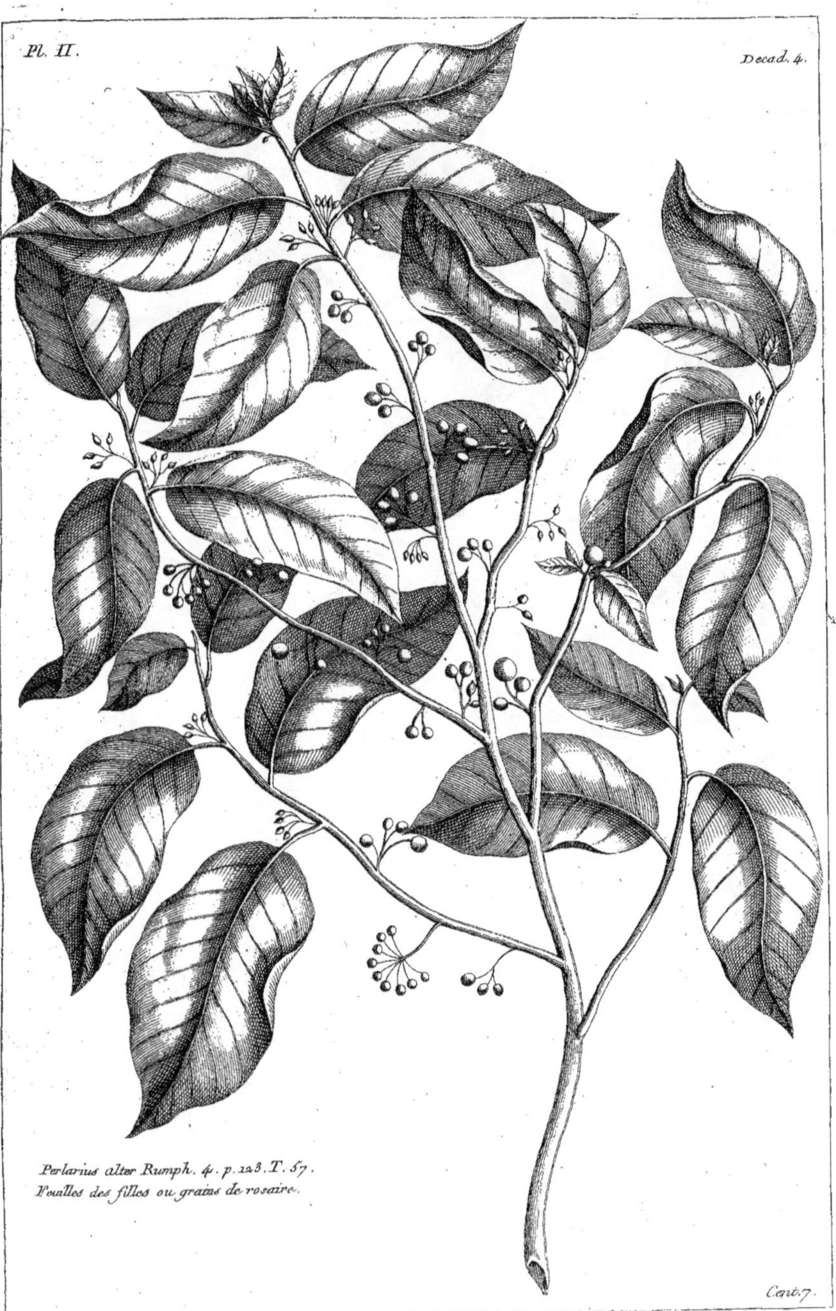

Perlarius alter Rumph. 4. p. 123. T. 57.
Feuilles des filles ou grains de rosaire.

Plumbago rosea. Linn. Sp. plant. 216
Radix vesicatoria. Rumph. 5. p. 453. T. 168.
Racine à Vesicatoire.

A

Fig. 1. Funis butonicus. Rumph. 6.
p. 75. T. 41.
Wari buton.

Fig. 2. Funis niger parvifolius. Rumph.
ibid.
Wari metten.

Fig. 2.

Fig. 1.

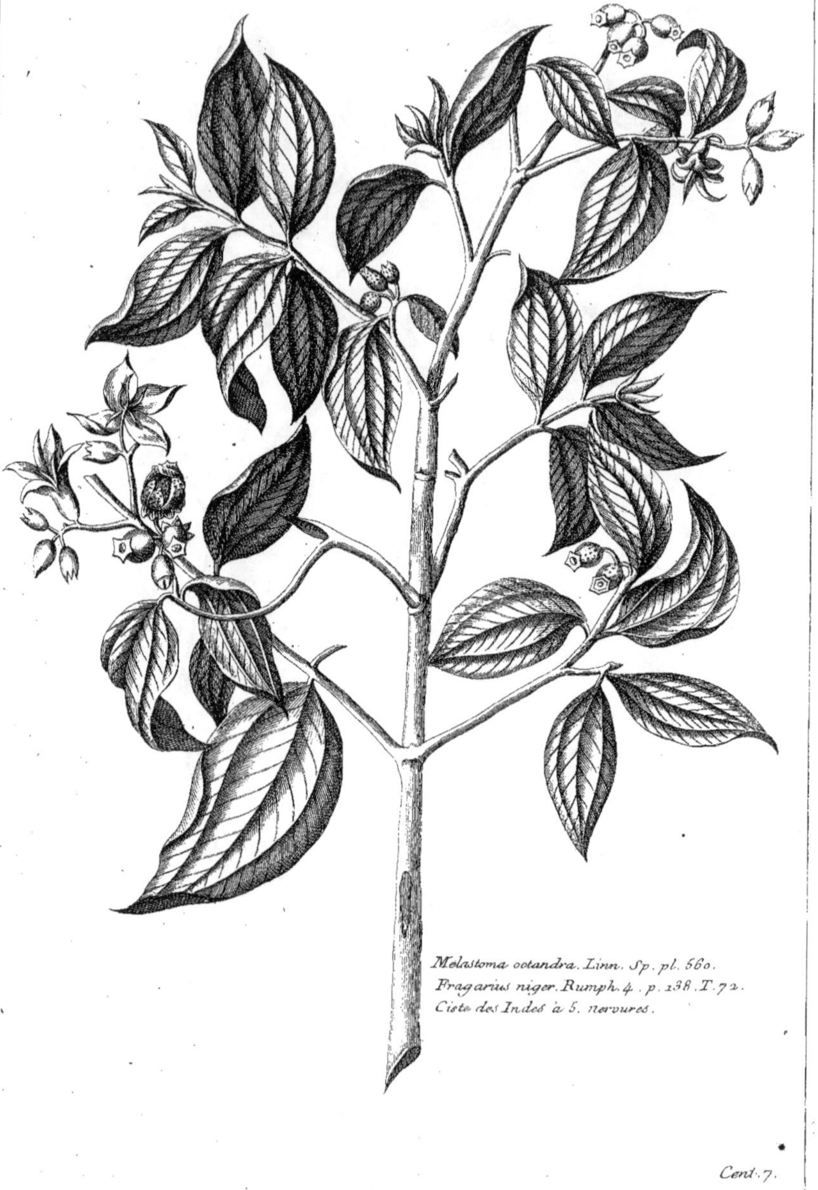

Melastoma octandra. Linn. Sp. pl. 560.
Fragarius niger. Rumph. 4 . p. 138 . T. 72.
Ciste des Indes à 5. nervures.

Cent. 7.

Laurus. Linn.
Lignum leve alterum. Rumph. III , p. 72. T. 45.
Ewassa.

Sicchius mas. Rumph 3. p. 42. T. 21.
Sicki batu.

Folium polypi. Rumph. 4. p. 102. T. 43.
Feuille de Polype.

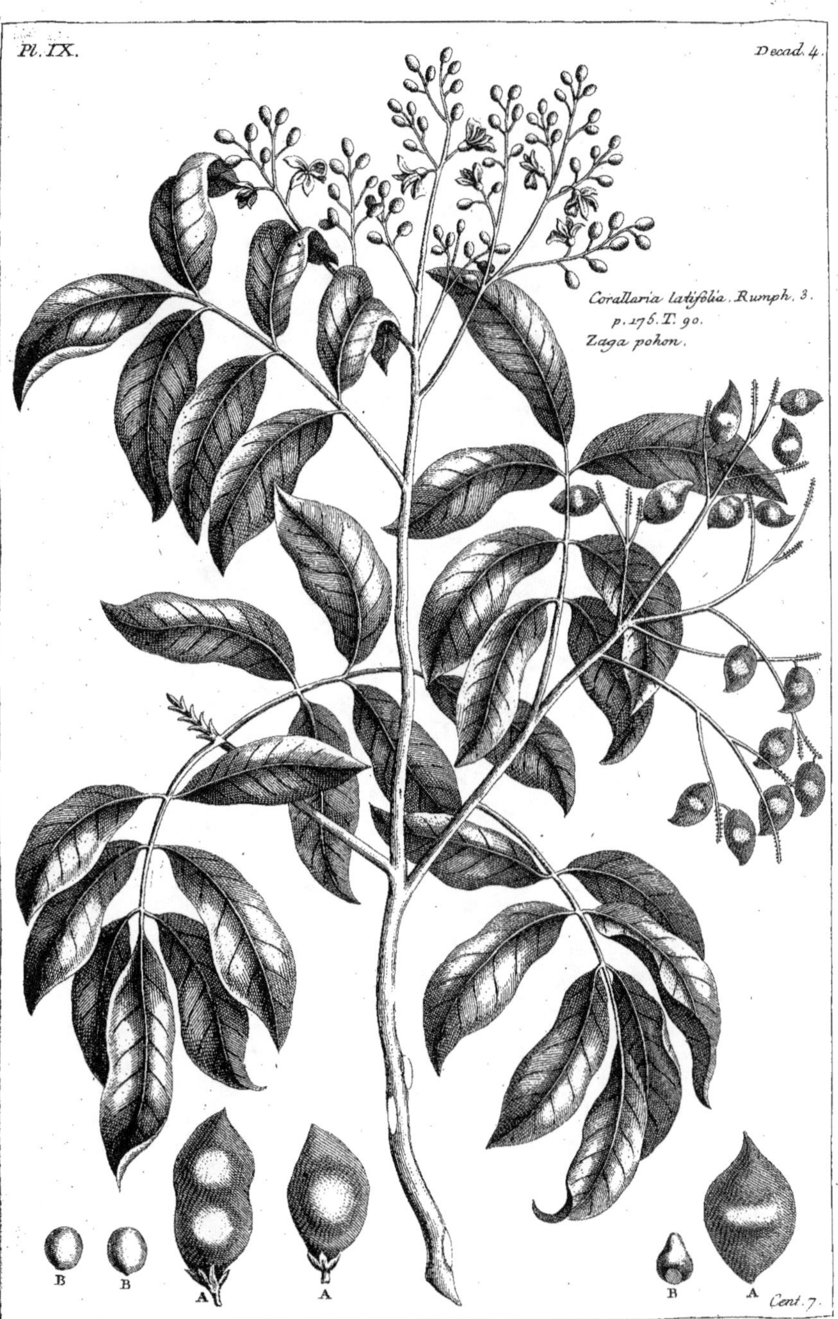

Pl. IX.
Decad. 4.
Corallaria latifolia. Rumph. 3.
p. 175. T. 90.
Zaga pohon.
B
B
A
A
B
A
Cent. 7.

M.de S.t Suire. del.   C. Pessard. Sculp.

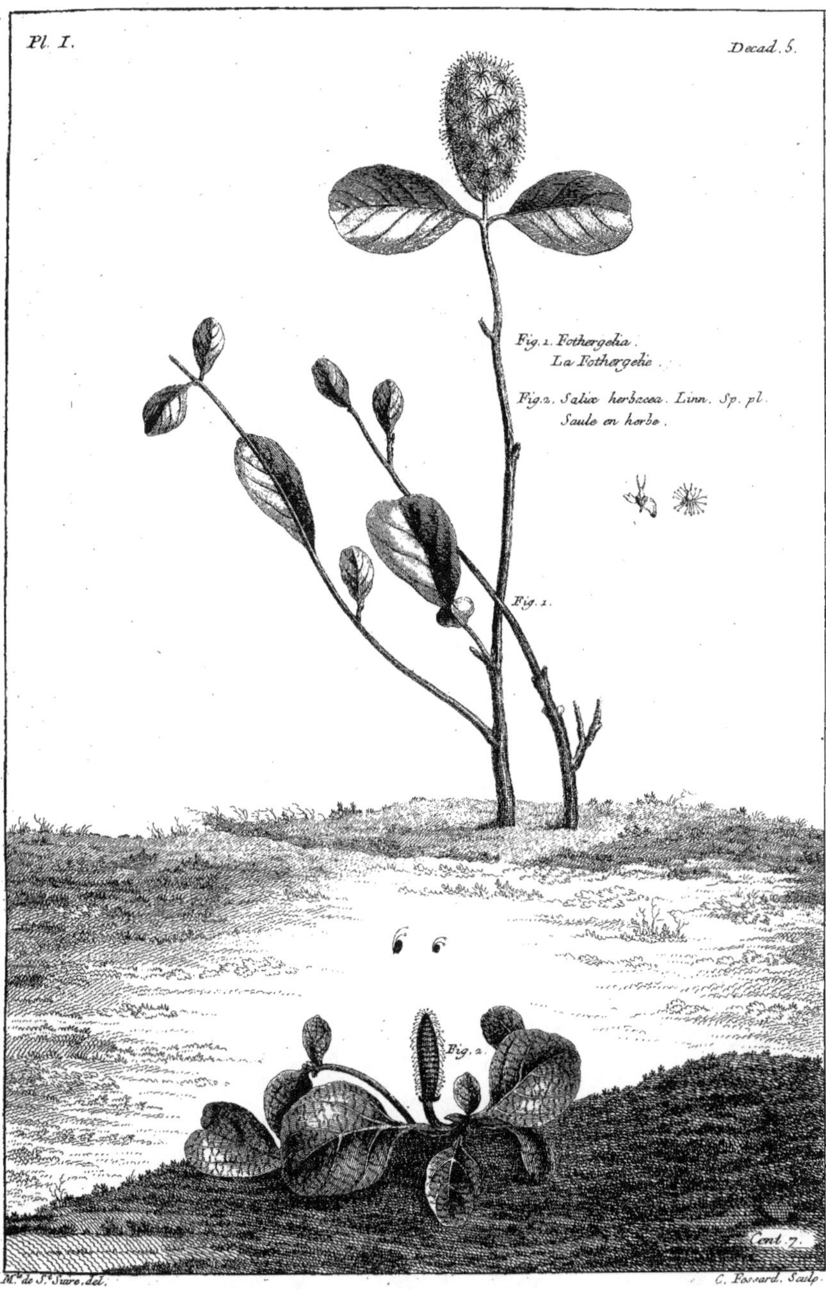

Pl. I.
Decad. 5.
Fig. 1. Fothergelia.
La Fothergelie.
Fig. 2. Salix herbacea. Linn. Sp. pl.
Saule en herbe.
Fig. 1.
Fig. 2.
Cent. 7.
M.e de S.t Suire. del.
C. Fossard. Sculp.

Antholyza Meriana. Linn.
Sp. pl. 54.
Mariana floré Rubello.
Trew. ehret. T. 40.
La Merian.

Cent. 7.

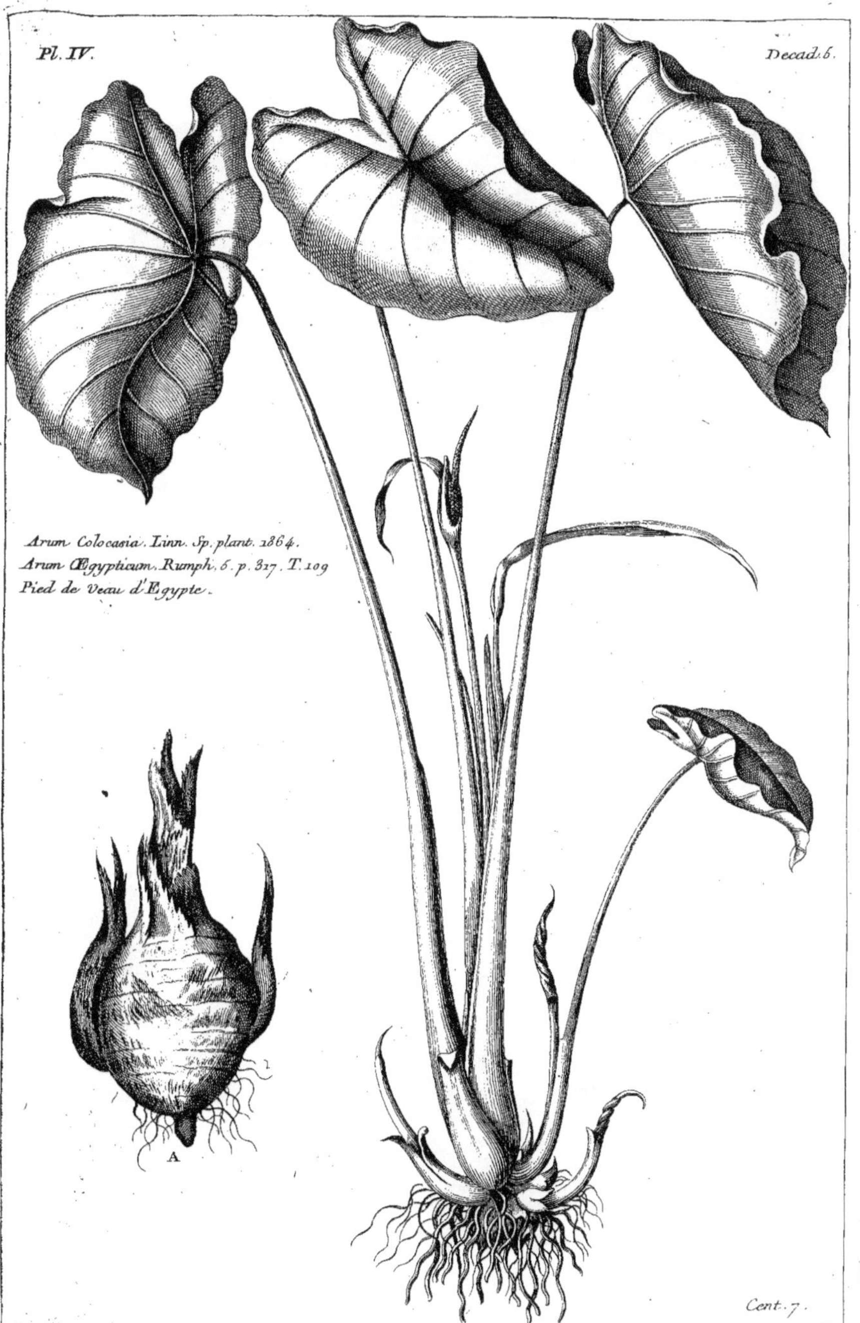

Arum Colocasia. Linn. Sp. plant. 1864.
Arum Ægypticum. Rumph. 6. p. 317. T. 109
Pied de Veau d'Egypte.

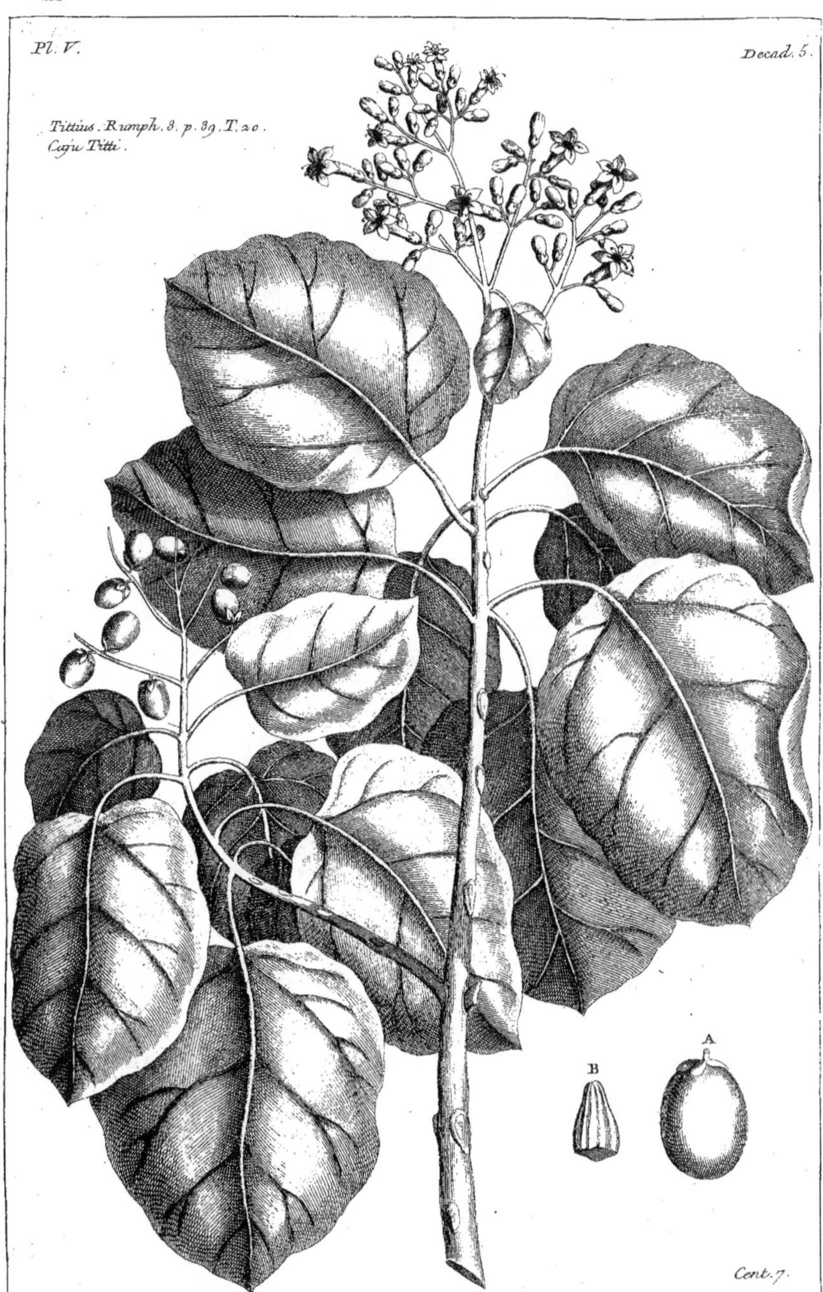
Tittius. Rumph. 3. p. 39. T. 20.
Caju Titti.
B
A
Cent. 7.

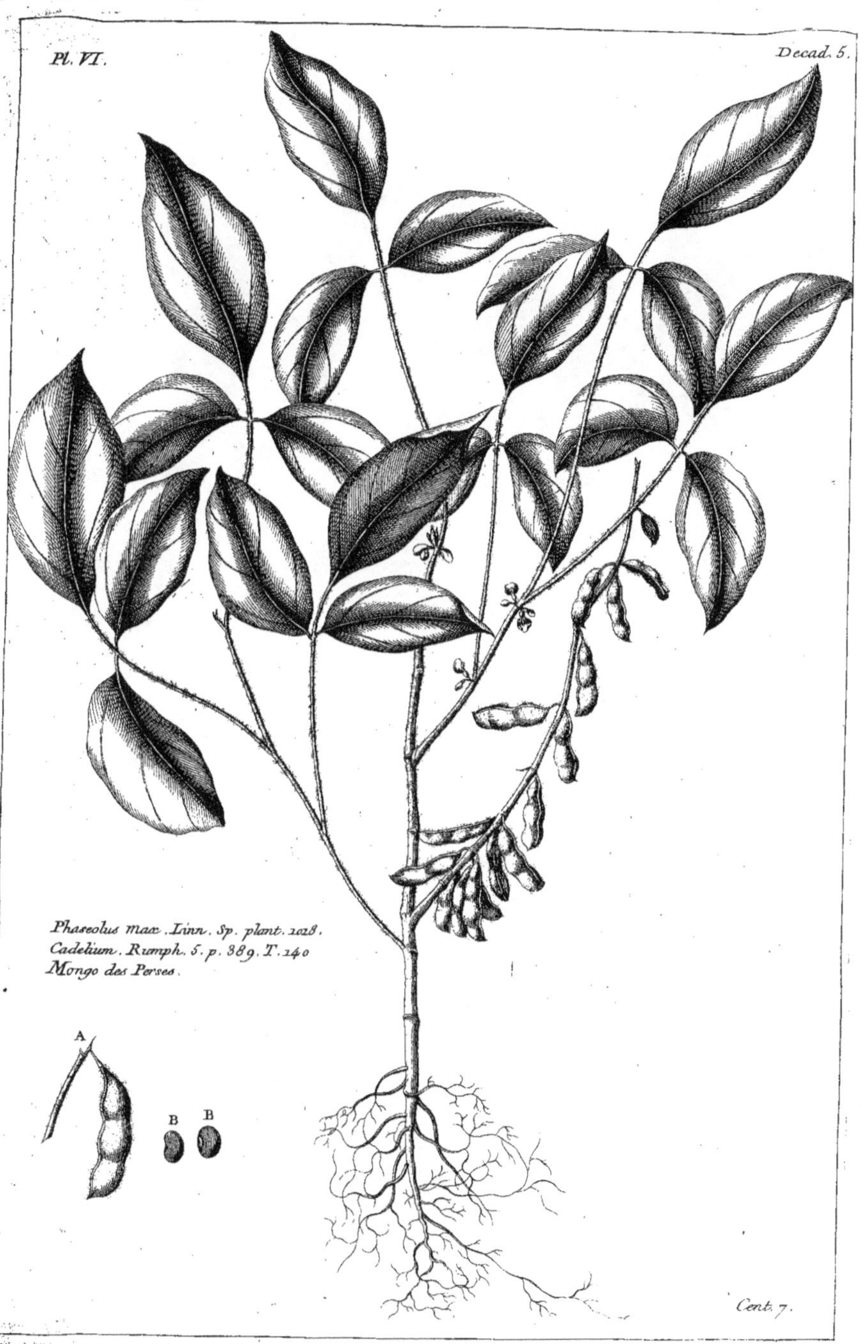
Phaseolus max. Linn. Sp. plant. 1018.
Cadelium. Rumph. 5. p. 389. T. 140
Mongo des Perses.
A
B B

Verbesina Acmella. Linn. Sp. pl. 1272.
Abedaria. Rumph. 6. p. 245. T. 65.
Acmelle.

Pl. VIII.
Decad. 5.
Canarium Sylvestre Rumph. a. p. 259. T. 48.
Canari Barat.
Cent. 7.

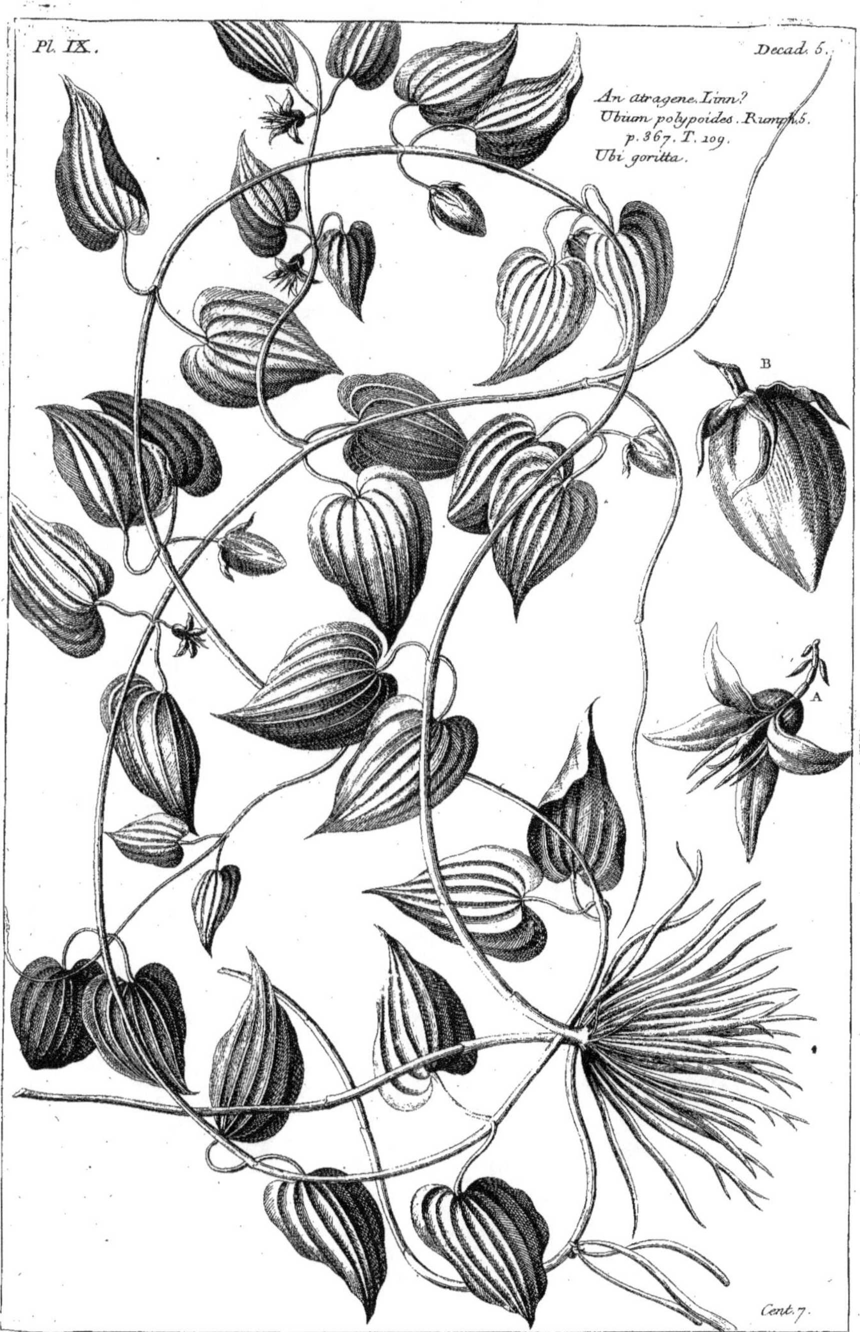

Pl. IX.
Decad. 5.
An atragene. Linn?
Ubium polypoides. Rumph. 5.
p. 367. T. 109.
Ubi goritta.
B
A
Cent. 7.

Fig. 1. An Cassia Procumbens. Linn. Sp. plant 548.
Amœna mæsta. Rumph. 6. p. 147. T. 67.
Suca duca.
Fig. 2. Therebentina. Rumph. ibid.
Petit Basilic aquatique.

Cent. 7.

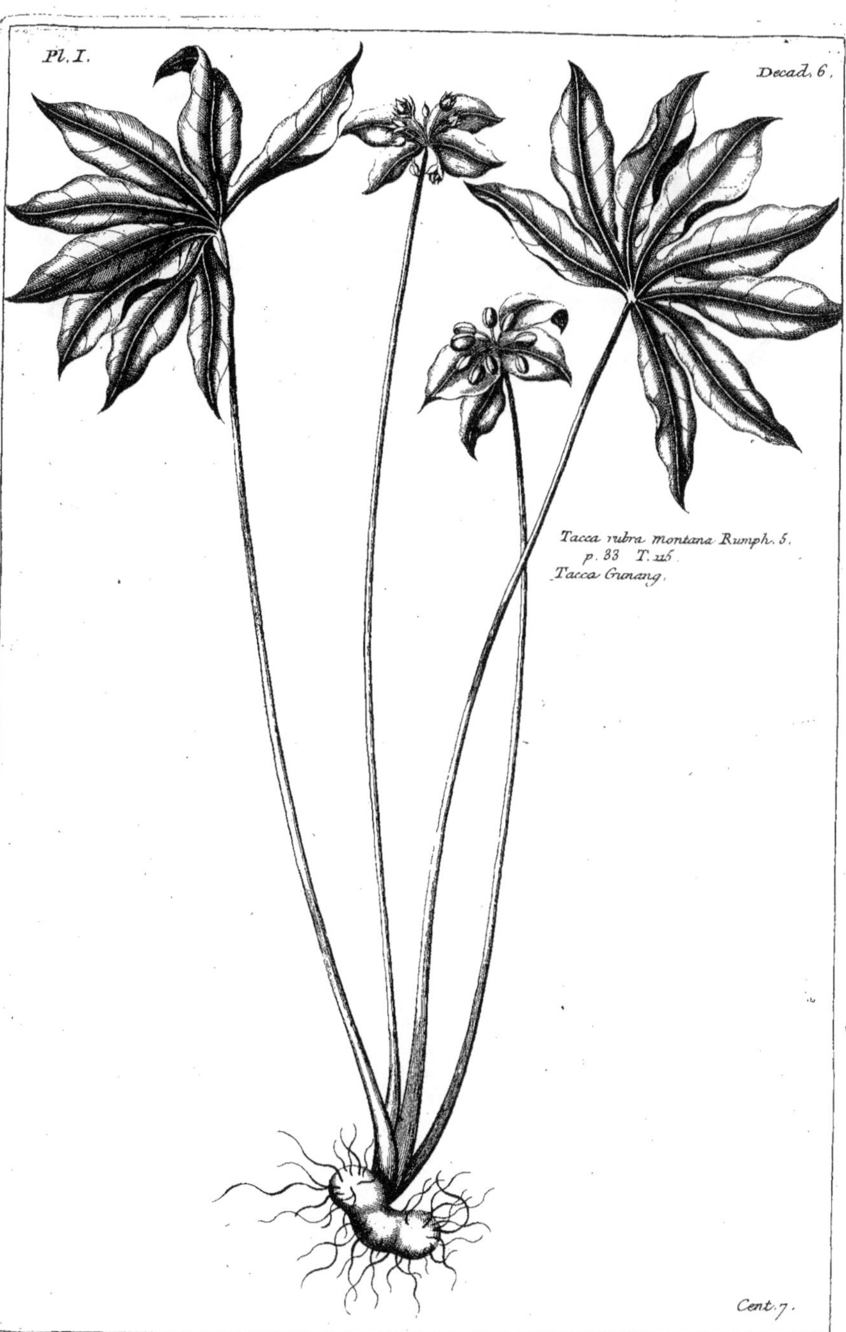

Tacca rubra montana Rumph. 5.
p. 33 T. 116.
Tacca Gunang.

Sicchuß fœmina. Rumph. 3. p. 42. T. 22.
Sicki pœti.

Pl. III.
Decad. 6.
Dioscorea Bulbifera. Linn. Sp. 1468 Burm. Ind. 274.
Ubium pomiferum. Rumph. 5. p. 355. T. 124.
Ahuo.
Cent. 7.

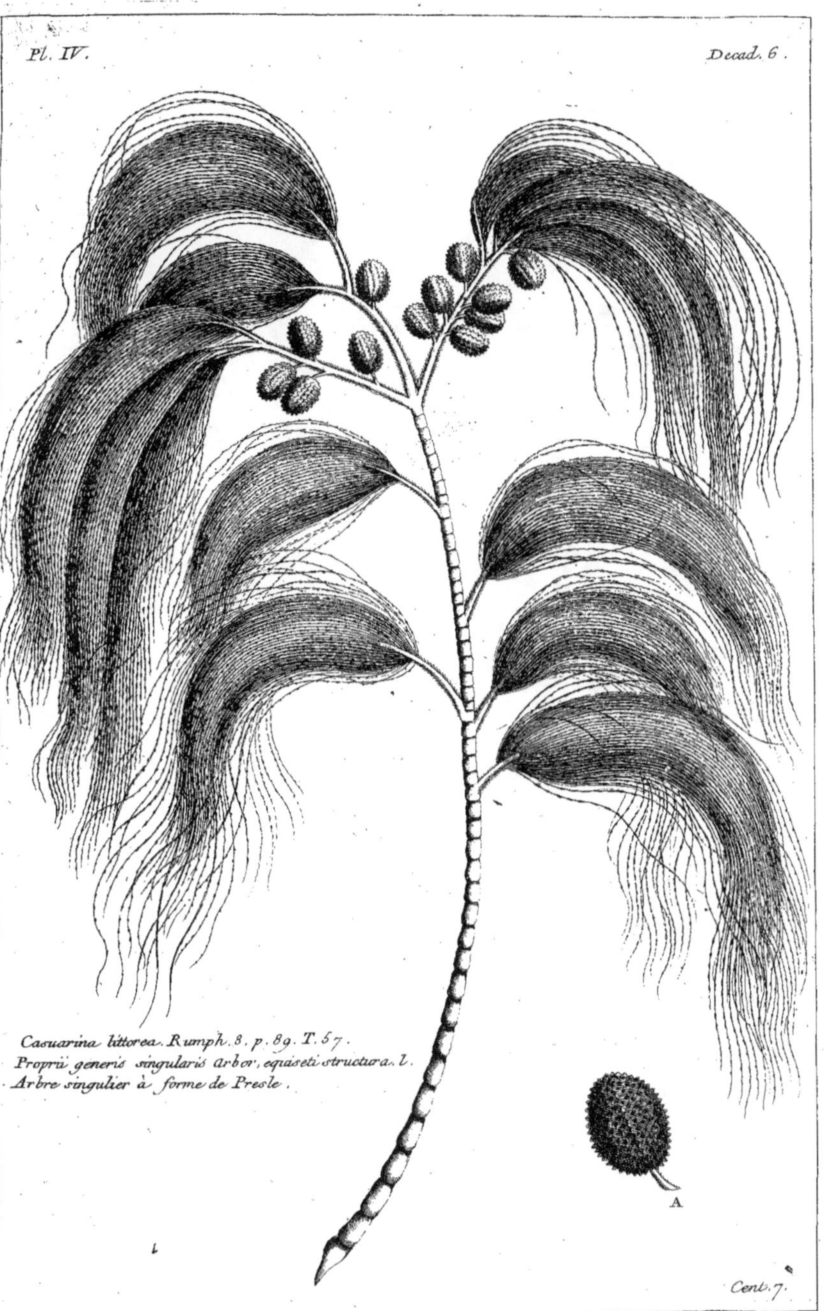

Casuarina littorea. Rumph. 8. p. 89. T. 57.
Proprii generis singularis arbor, equiseti structura. l.
Arbre singulier à forme de Presle.

Pl. V.
Decad. 6.
Mangifera. Linn.
Mangium Sylvestre. Rumph. 8. p. 58. T. 31
Mangi mangi.
Cent. 7.

Michelia tsjampacca. Linn. mantis Syst. 78.
Burm. Ind. 224.
Sampacca Sylvestris. Rumph. 2. p. 202. T. 68.
Sampacca blanc.

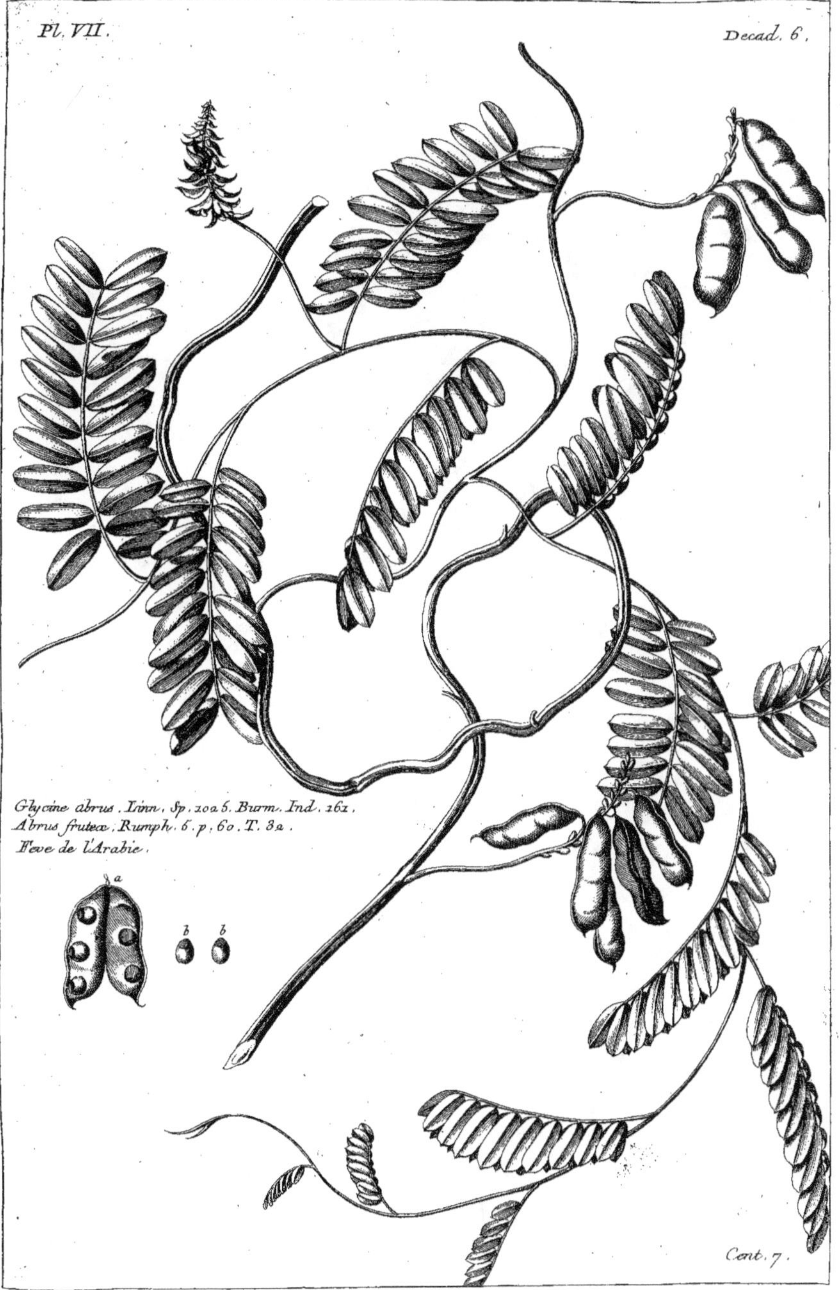
Glycine abrus. Linn. Sp. 1025. Burm. Ind. 161.
Abrus frutex. Rumph. 6. p. 60. T. 32.
Feve de l'Arabie.
a
b b

Flos manilhanus. Rumph. 4. p. 87. T. 39.
Nyctantes acuminata. Burm. flor. Ind. 5.
Jaismin d'Arabie à fleurs doubles.

Frutex Cerasiformis. Rumph. 4. p. 134. T. 68.
Lampery.
Arbrisseau à forme de Cerisier.

Pl. X.
Decad. 6.
Contorta. Linn. Capsicum Sylvestre. Rumph. 4.
p. 133. T. 67.
Poivre d'Inde Sauvage.
Cent. 7.

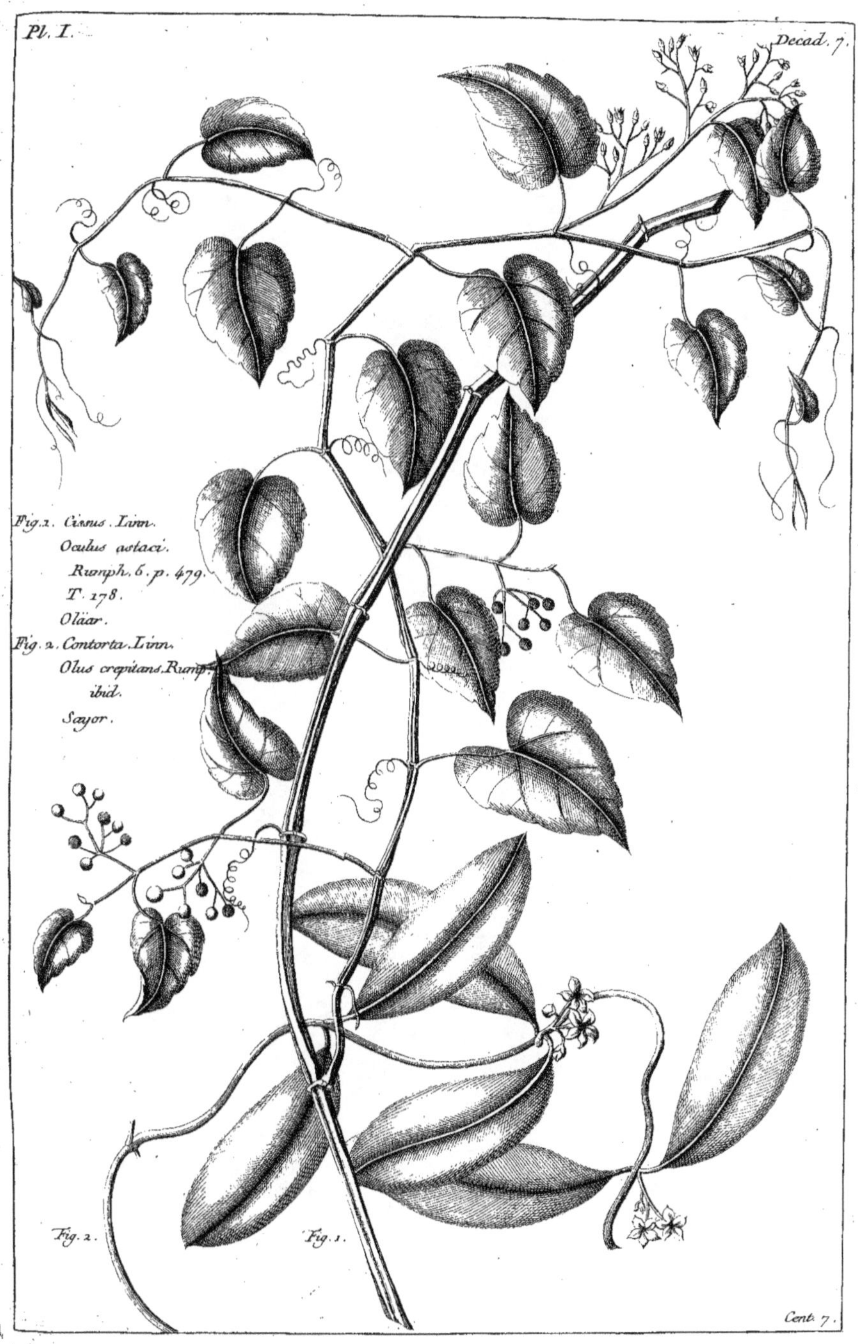

Pl. I.
Decad. 7.
Fig. 1. Cissus. Linn.
Oculus astaci.
Rumph. 6. p. 479.
T. 278.
Oläar.
Fig. 2. Contorta. Linn.
Olus crepitans. Rumph.
ibid.
Sayor.
Fig. 2.
Fig. 1.
Cent. 7.

Indigo fera tinctoria. Linn. Sp. 1061.
Burm. Ind. 170.
Indicum seu Indigo. Rumph. 5. p. 225. T. 80.
Indigo.

Pl. III.
Decad. 7.
Dioscorea triphilla. Linn.
Sp. 1462.
Ubium Sylvestre trifolia-
tum. 6. p. 364. T. 228.
Battate sauvage.
Cont. 7.

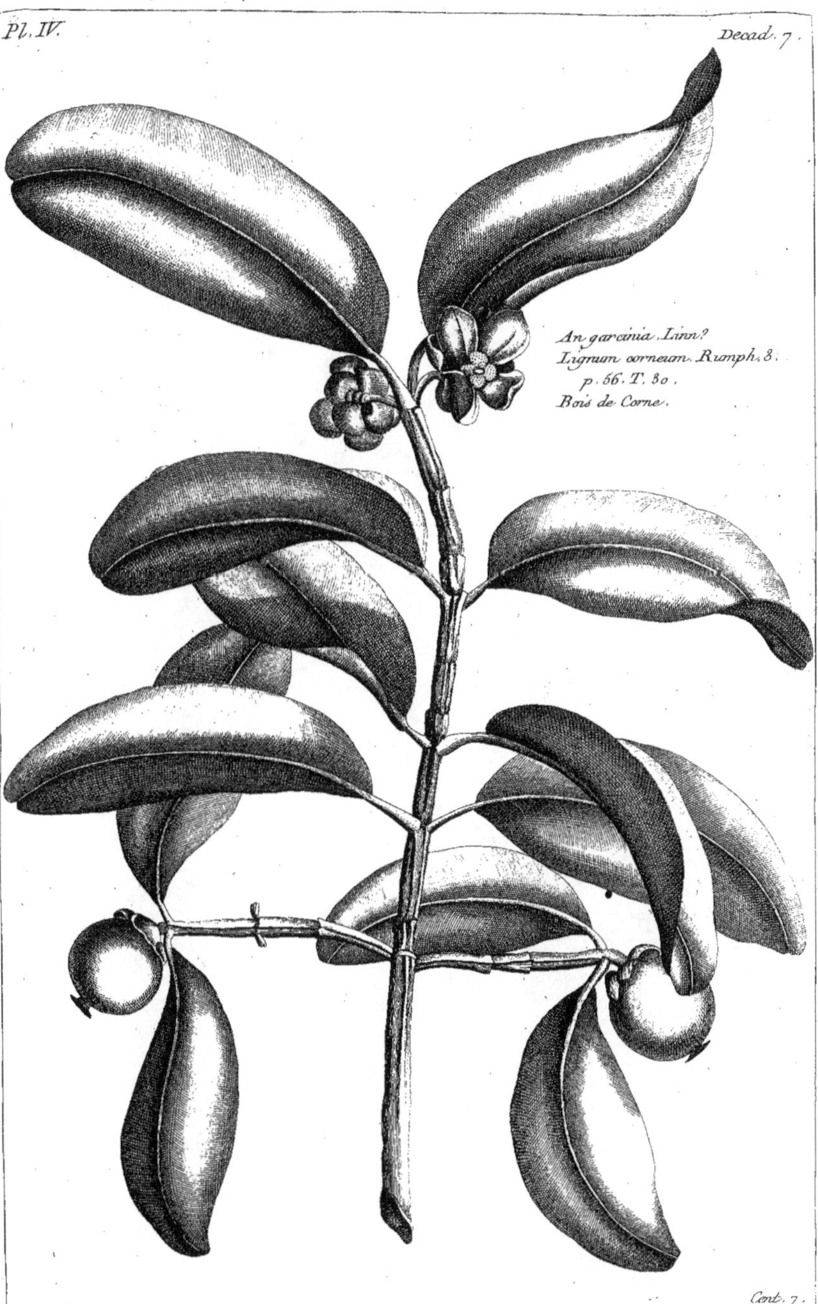
An garcinia Linn?
Lignum corneum. Rumph. 8.
p. 66. T. 80.
Bois de Corne.

Vitex negundo. Linn. Sp. 890. Burm. Ind. 188.
Lagondium littoreum. Rumph. 4. p. 55. T. 29.
L'Agnus castus à trois feuilles.

Pl. VI.
Decad. 7.
Arbor Cœli. Rumph.
3. p. 207. T. 13a.
Caju langit.
Arbre du Ciel.
Cent. 7.

Ixora coccinea. Linn. Sp. plant. 159.
Burm. Ind. 34.
Flamma Sylvarum. Rumph. 4.
p. 106. T. 46.
Flamme des Bois.
A

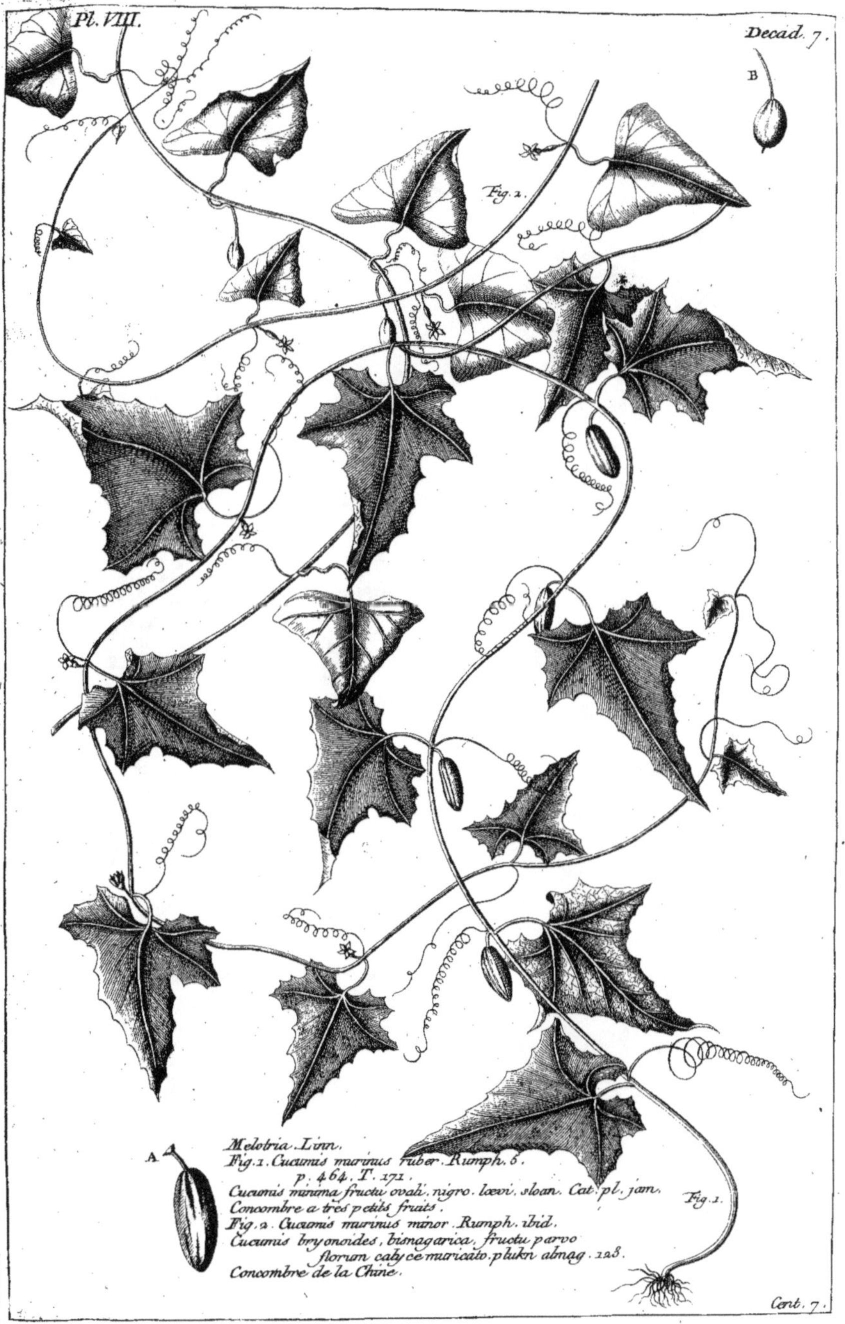

Pl. VIII.
Decad. 7.
B
Fig. 2.
Fig. 1.
A
Melobria. Linn.
Fig. 1. Cucumis marinus ruber. Rumph. 6.
p. 464. T. 171.
Cucumis minima fructu ovali. nigro. lœvi. sloan. Cat. pl. jam.
Concombre a tres petits fruits.
Fig. 2. Cucumis marinus minor. Rumph. ibid.
Cucumis bryonoides, bisnagarica, fructu parvo
florum calyce muricato. plukn almag. 128.
Concombre de la Chine.
Cent. 7.

Galala aquatica. Rumph. a.
p. 236. T. 78.
Carne.

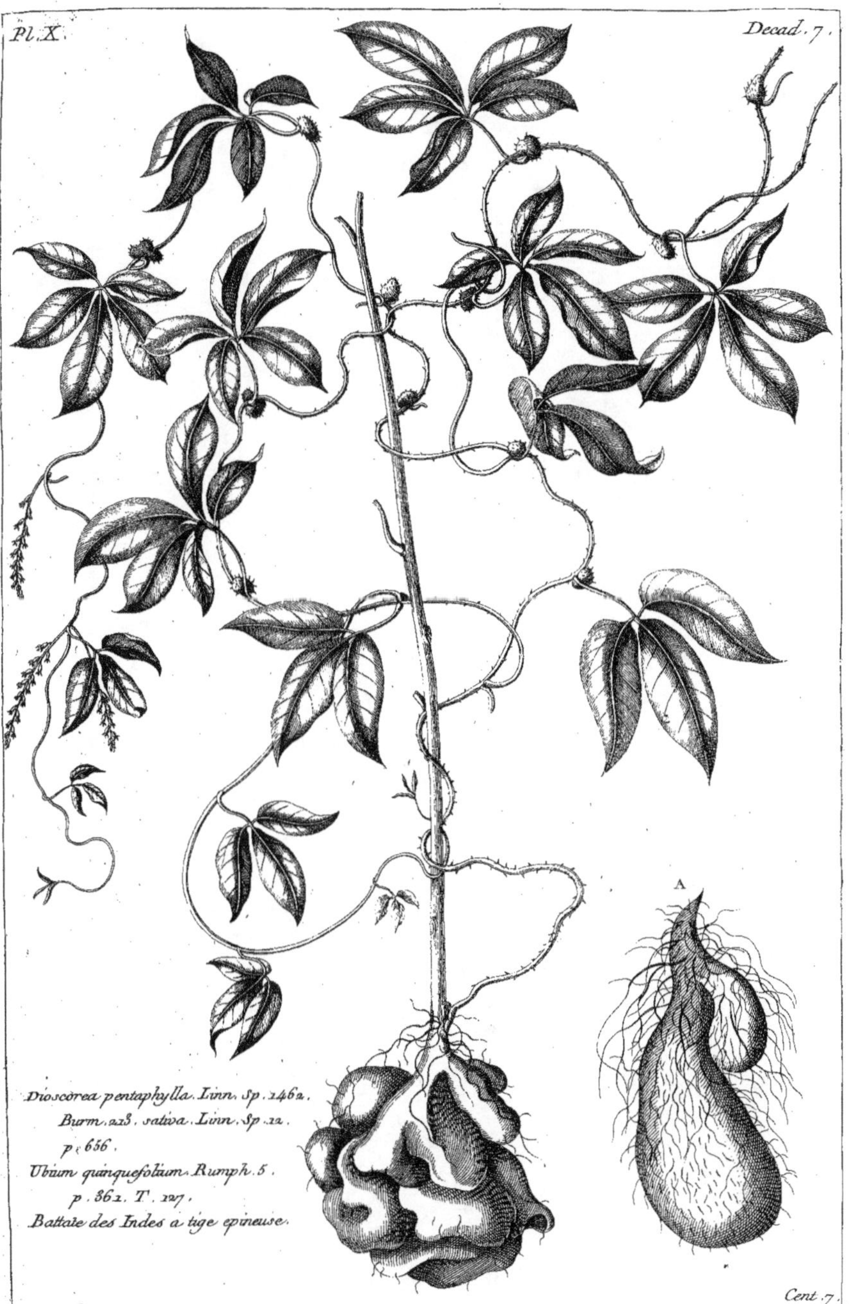

Dioscorea pentaphylla. Linn. Sp. 1462.
Burm. 223. sativa. Linn. Sp. 22.
p. 656.
Ubium quinquefolium. Rumph. 5.
p. 362. T. 127.
Battate des Indes a tige epineuse.

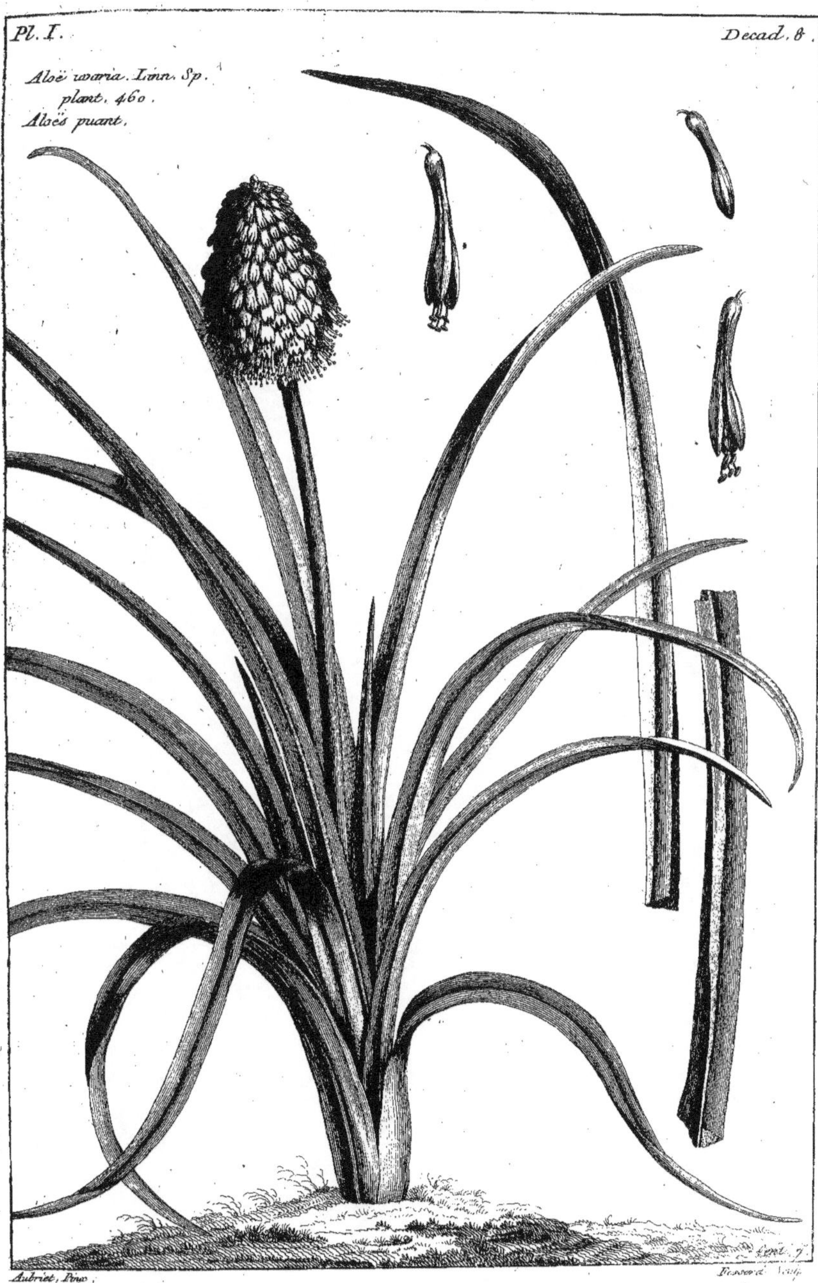
Aloë variæ. Linn. Sp.
plant. 460.
Aloës puant.
Aubriet, Pinx.
Fessard Sculp.

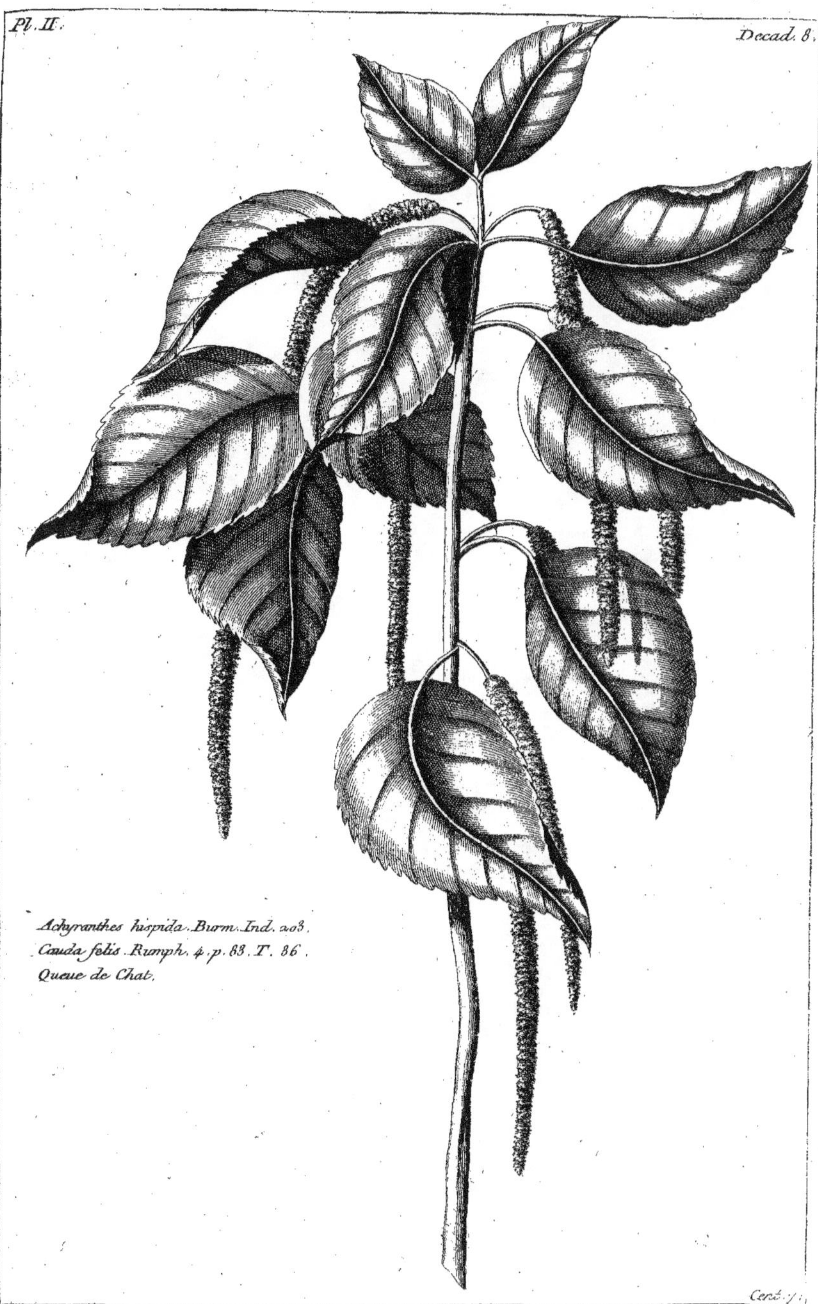

Achyranthes hispida. Burm. Ind. 203.
Cauda felis. Rumph. 4. p. 83. T. 36.
Queue de Chat.

TAB. III
Decad. 8.
Dammara nigra Rumph. a.
p. 162. T. 62.
Dammar Itam.
Cent. 7

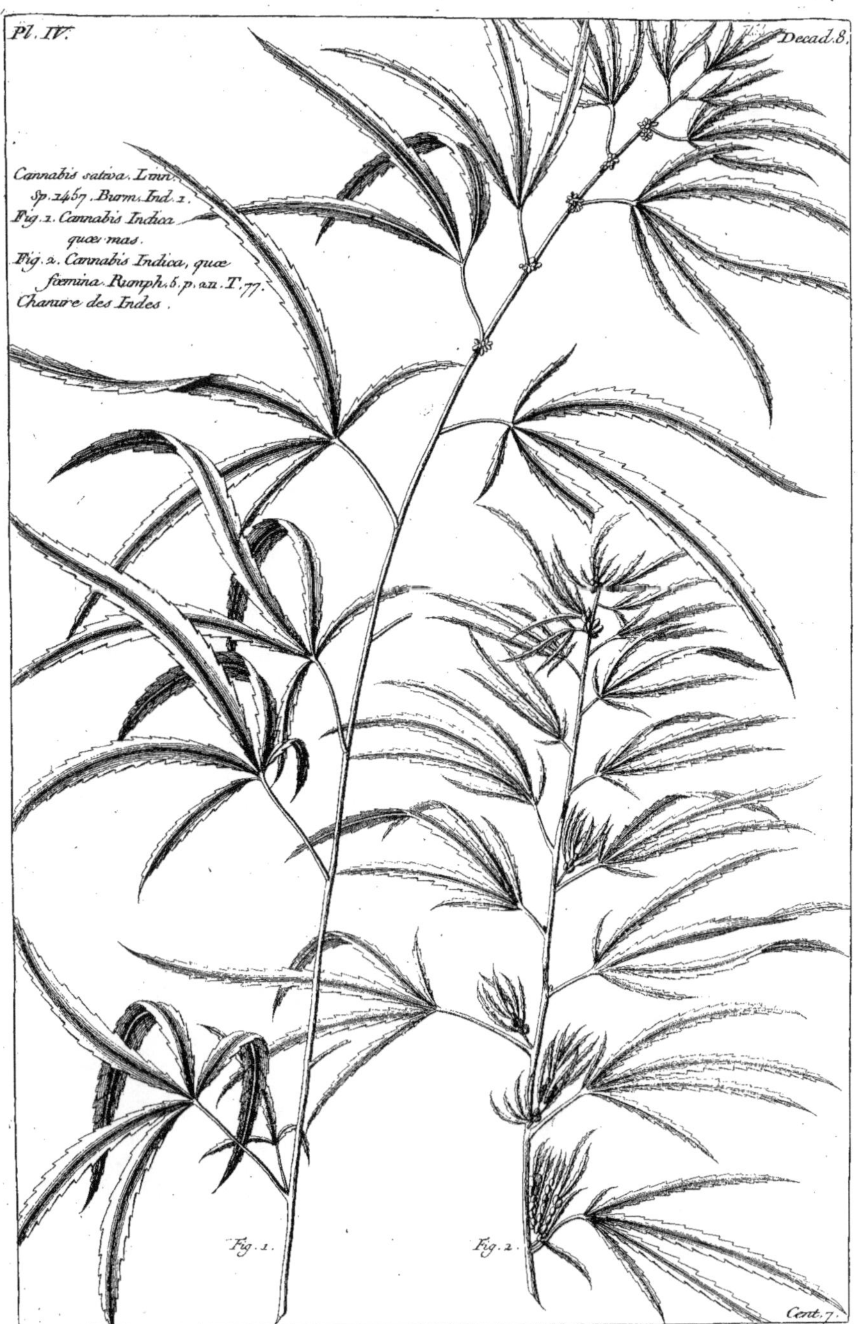

Pl. IV.
Decad. 8.
Cannabis sativa. Linn.
Sp. 1457. Burm. Ind. 1.
Fig. 1. Cannabis Indica
quæ mas.
Fig. 2. Cannabis Indica, quæ
fæmina. Rumph. 5. p. 211. T. 77.
Chanure des Indes.
Fig. 1.
Fig. 2.
Cent. 7.

Fig. 1. Piper pelatum. Linn. Sp.
4a. Burm. Ind. a35.
Lomba. Rumph. 6. p. 134.
T. 169.
Poivrier à larges feuilles.
Fig. 2. Globa uviformis Rumph. 6.
p. 134. T. 169.
Globa en forme de raisins.
Fig. 1.
A
Fig. 2.

Pl. VI.
Decad. 8.
Fig. 2.
Fig. 2.
A
Fig. 1. Acorus calamus verus.
Linn. 463. Burm. Ind. 84.
Acorum. Rumph. 5. p. 181.
T. 72.
Roseau aromatique
Fig. 2. Andropogon schœnanthus Linn. Sp. 1481.
Burm. Ind. 219.
Schœnanthum amboinicum
Rumph. 5. p. 181 T. 72.
Schœnanthe d'Amboine.
Cent. 7.

Pl. VII.
Decad. 8.
Fig. 1. Stipa arguens. Linn. Sp. 117.
Burm, Ind. 150.
Gramen arguens. Rumph. 6.
p. 15. T. 6.
Chiendent à epis pointus.
Fig. 2. Schœnus lithospermus. Linn. Sp. 66.
Burm, Ind. 29.
Calamagrostis. Rumph. ibid.
Grand Souchet d'Amerique.
Fig. 1.
Fig. 2.
Cent. 7.

Pl. VIII. Fig. 1. Cynosurus Indicus. Linn. Sp. 106.
Burm. Ind. 19.
Gramen vaccinum fœmina. Rumph. 6. p. 10
T. 4
Chiendent de Vache femelle.
Fig. 2. Gramen vaccinum mas. Rumph. ibid.
Chiendent de Vache masle à 5. epis.
Fig. 3. Poa tenella. Linn. 201. Burm. Ind. 28.
Gramen fimi. Rumph. ibid.
Chiendent de fumée.
Decad. 8.
Fig. 3.
Fig. 1.
Fig. 2.
Cont. 7.

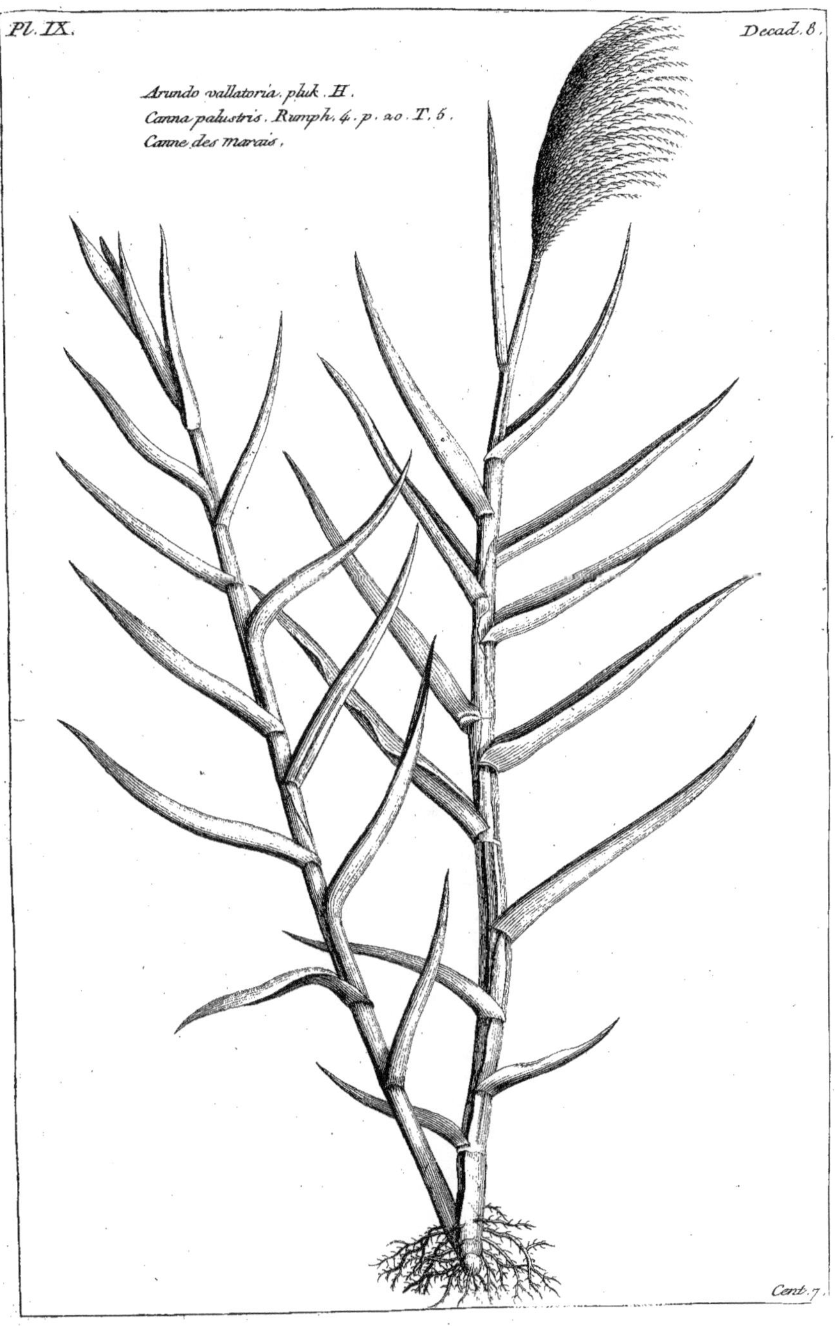
Arundo vallatoria. pluk. H.
Canna palustris. Rumph. 4. p. 20. T. 6.
Canne des marais.

Pl. X.
Decad. 8.
Ficus racemosa. Linn.
Sp. 1515. Burm.
Ind. 225.
Grossularia domestica.
Rumph. 3. p. 138.
T. 87.
Figuier en grappes
des Indes.

Dialium javanicum. Burm. flora. Indica. p. 12.
Cortex papetarius Rumph. 3. p. 212. T. 137.
Taleri.

Crusta arborum, Rumph. 5.
p. 86. T. 46.
Croute d'Arbres.

Pl. III.
Decad. 9.
Fig. 1.
Polypodium symplex Burm. Ind. 285.
Fig. 1. Lonchitis Amboinica rubra. Rumph. 6.
p. 72. T. 30.
Fig. 2. Lonchitis alba. Rumph. ibid.
Polypode d'Amboine.
Fig. 2
Cord. 7.

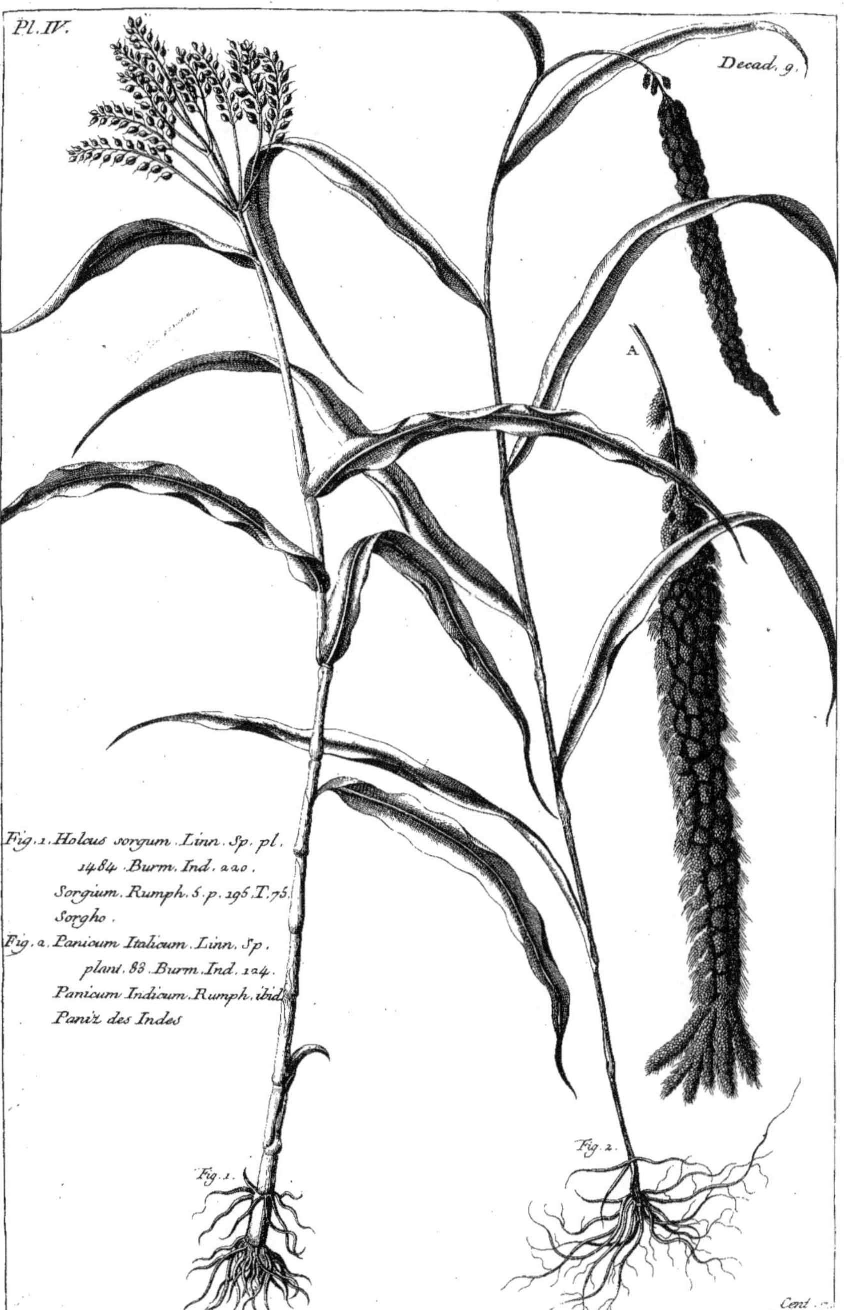

Pl. IV.
Decad. 9.
A
Fig. 1. Holcus sorgum. Linn. Sp. pl.
1484. Burm. Ind. 220.
Sorgium. Rumph. 5. p. 196. T. 75.
Sorgho.
Fig. 2. Panicum Italicum. Linn. Sp.
plant. 83. Burm. Ind. 124.
Panicum Indicum. Rumph. ibid.
Paniz des Indes
Fig. 1.
Fig. 2.
Cent.

Pl. V.
Décad. 9.
Achyranthes prostrata. Linn. Sp. 296.
Burm. Ind. 64.
Auris canina. Rumph. 6. p. 29 T. 11.
Cent. 7.

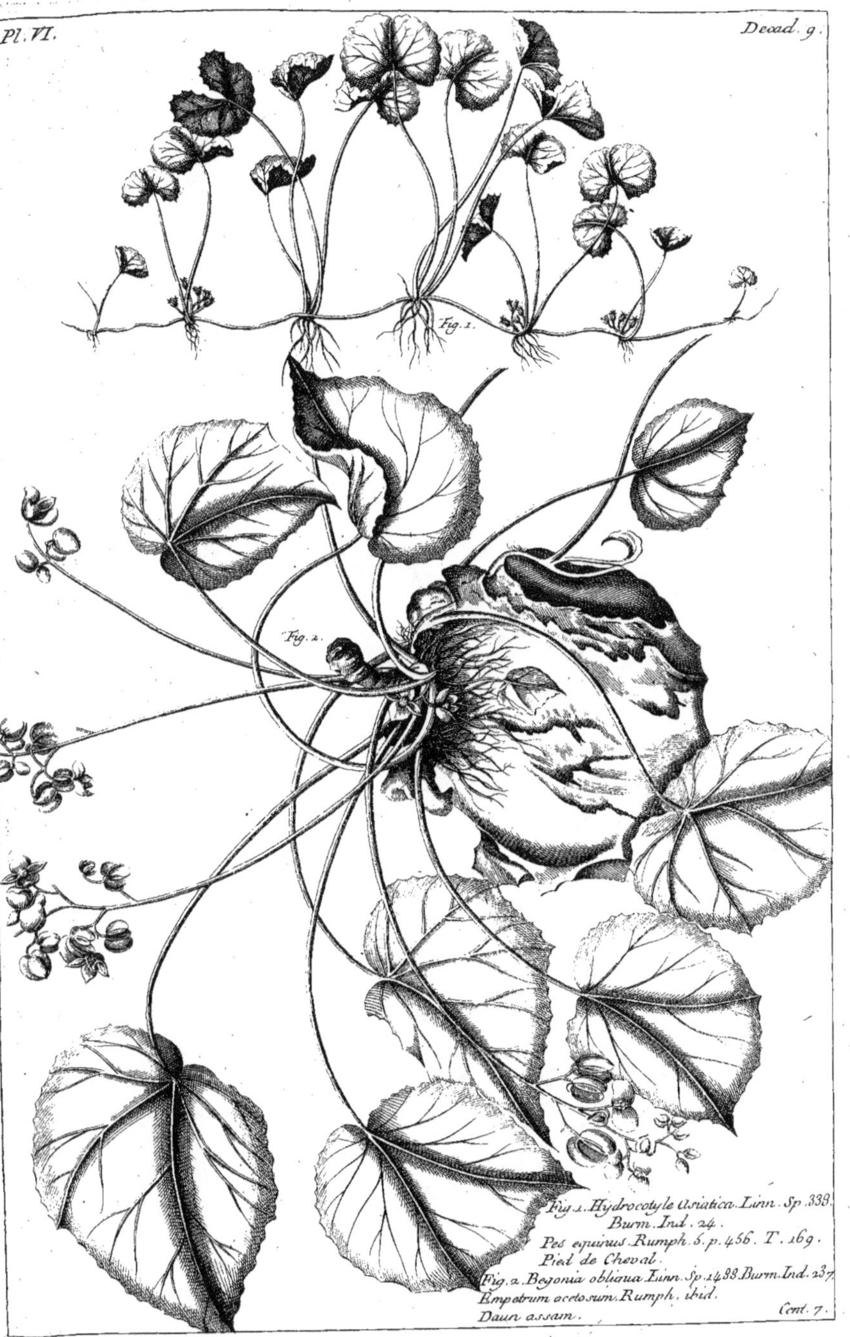

Fig. 1. Hydrocotyle asiatica. Linn. Sp. 338.
Burm. Ind. 24.
Pes equinus. Rumph. 5. p. 456. T. 169.
Pied de Cheval.
Fig. 2. Begonia obliqua. Linn. Sp. 1488. Burm. Ind. 237.
Empetrum acetosum. Rumph. ibid.
Daun assam.   Cent. 7.

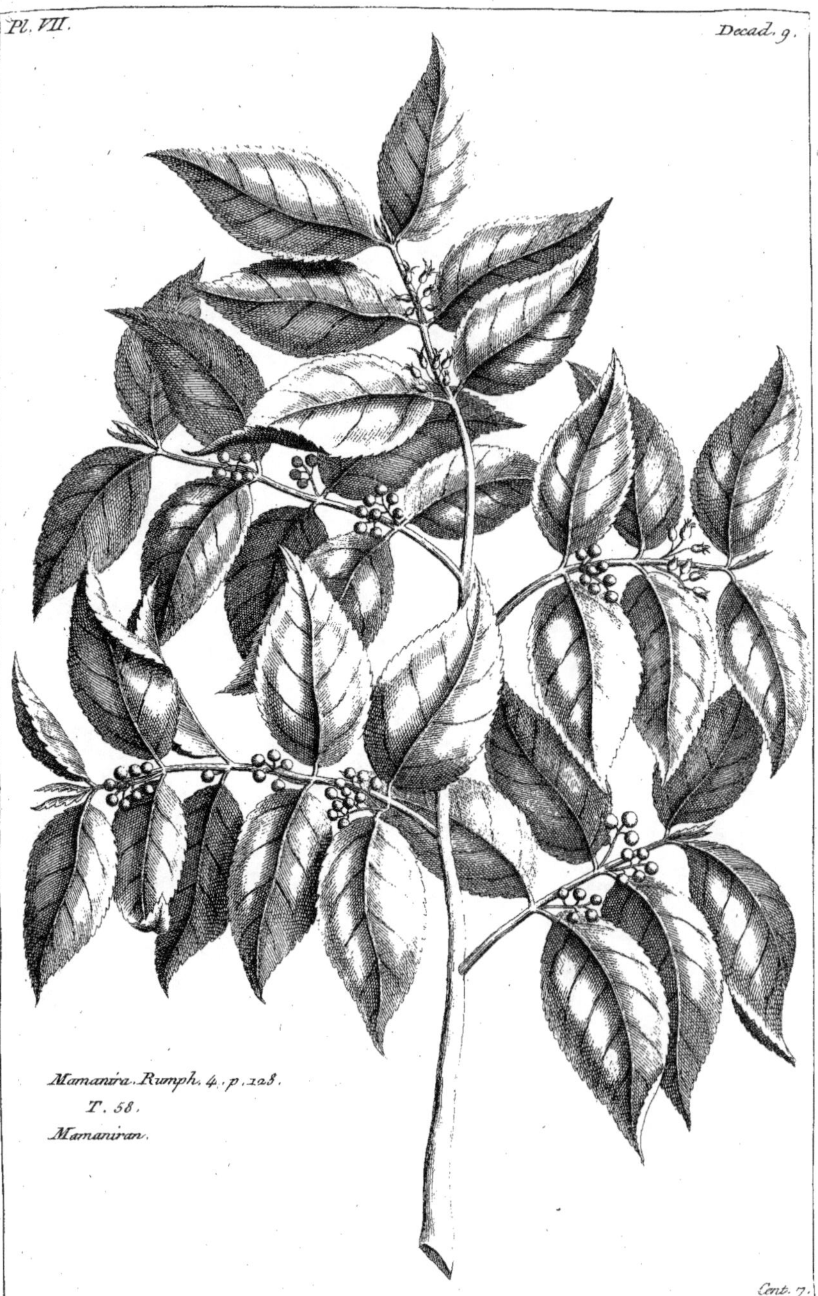

Mamanira. Rumph. 4. p. 128.
T. 58.
Mamaniran.

Dioscorea bulbifera. Linn. Sp. 1463.
Burm. Ind. 214.
Ubium ovale. Rumph. 5. p. 356.
T. 125.
Elan.

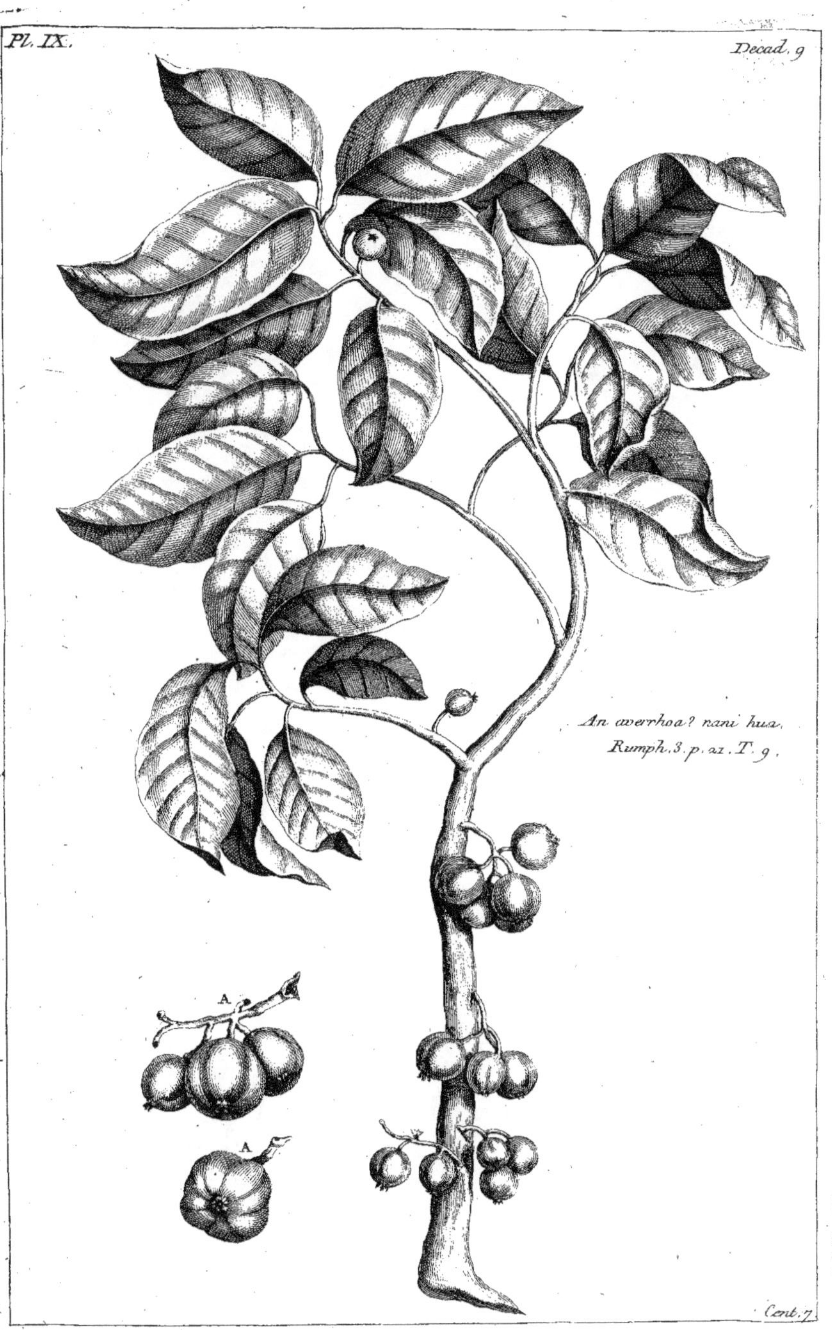

Pl. IX.
Decad. 9
An averrhoa? nani hua.
Rumph. 3. p. 21. T. 9.
A
A
Cent. 7

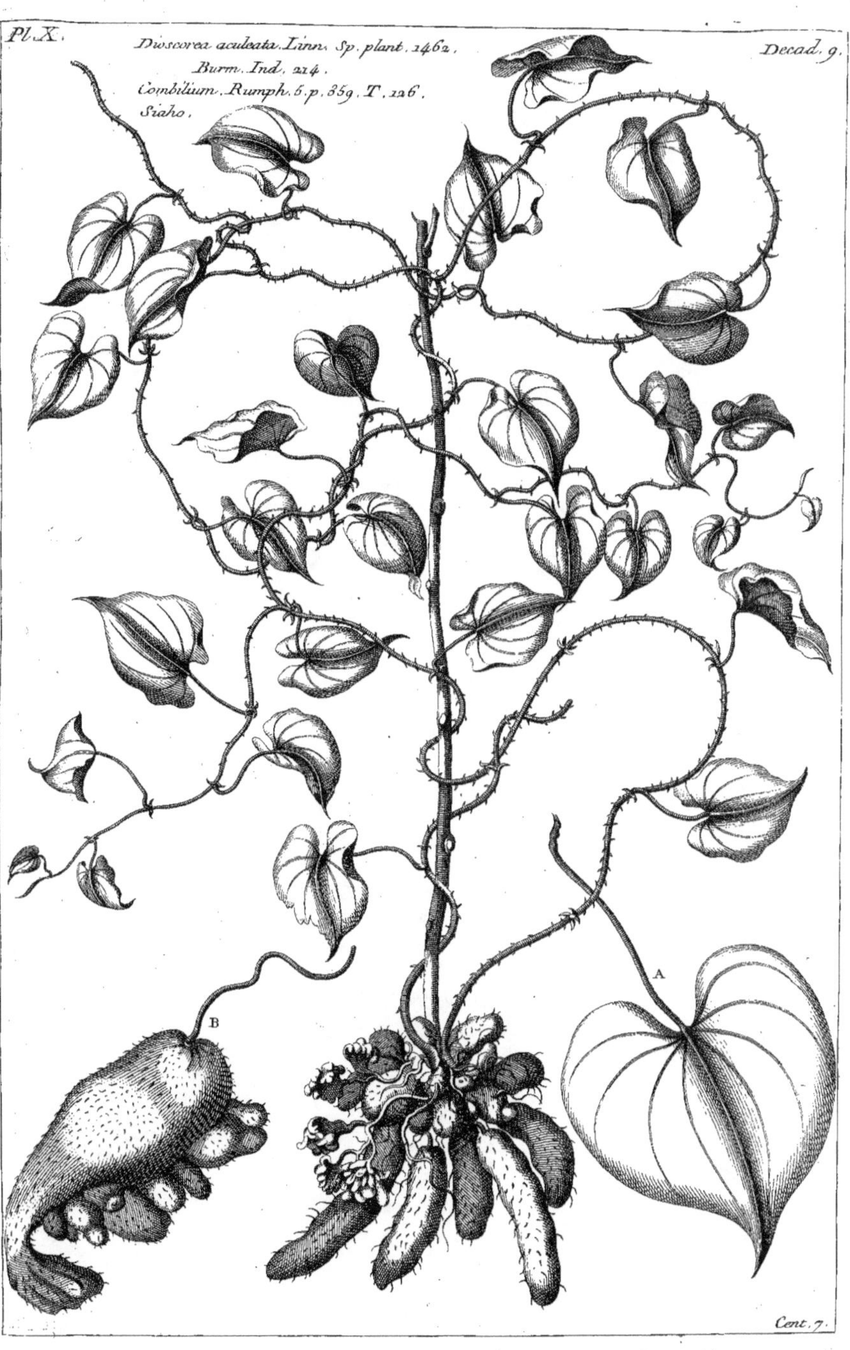

Pl. X.
Dioscorea aculeata. Linn. Sp. plant. 1462.
Burm. Ind. 214.
Combilium. Rumph. 5. p. 359. T. 126.
Siaho.
Decad. 9.
A
B
Cent. 7.

Cerbera manghas Linn. Sp. 306.
Burm. Ind. 66.
Arbor lactaria Rumph. a, p. 246. T. 82.
L'Arbre a lait.

Croton variegatum, Linn. Sp. 1424.
Burm. Ind. 174.
Codiæum medium chrysostictum. Rumph.
4. p. 68. T. 25.
Codiho.

Barleria hystrix. Linn. Sist. nat. 10. p. 45a.
Burm. Ind. 186.
Hystrix frutex. Rumph. auct. 23. T. 13.
Caju landar.

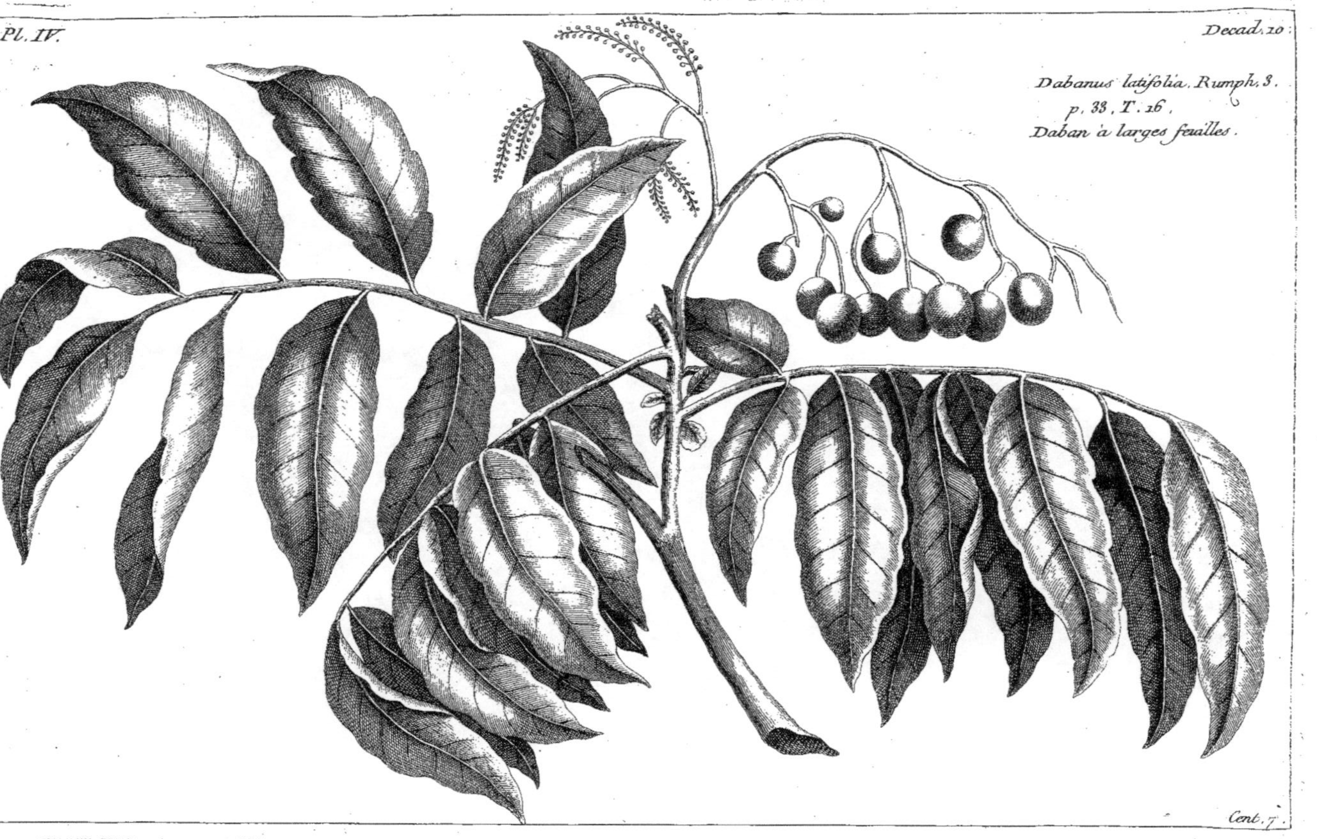

Cent. 7.

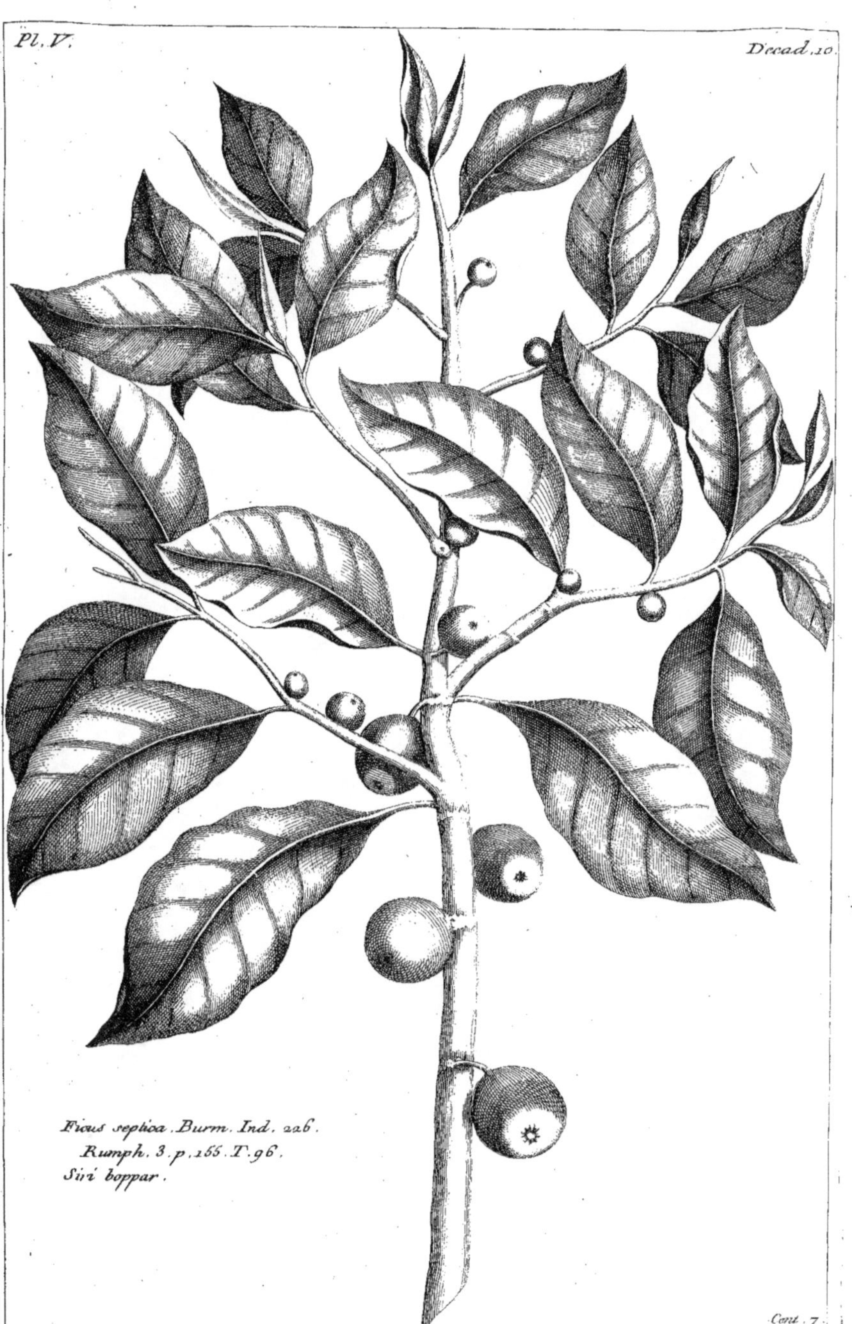

Ficus septica. Burm. Ind. 226.
Rumph. 3. p. 155. T. 96.
Siri boppar.

Carissa carandas. Linn. sist. nat. edit XII. p. 358.
Carandas Rumph. auct. p. 68. T. 25.
Oxyacanthe de la Cote de Coromandel.

Pl. VII.
Fig. 1. Eriocaulon setaceum. Linn. Sp. plant. 129.
        Burm. Ind. 31.
Gramen politrichum. Rumph. 6. p. 17. T. 7.
Politriche d'Amboine.
Fig. 2. A. Andropogon carricosum. Linn. Sp. 1480.
        Burm. Ind. 218.
Gramen caricosum. Rumph. ibid.
Lalan.
Fig. 2. B. Panicum polystachium. Linn.
        Sp. 82. Burm. Ind. 218.
Gramen caricosum alterum. Rumph. ibid.
Fig. 3. Panicum polystachium. Linn.
        Sp. 82. Burm. Ind.
Phœnix Amboinica montana. Rumph. ibid.
Hulang.
Decad. 10.
Fig. 3.
Fig. 2. Lett. A.
Fig. 1.
Fig. 2. Lett. B.
Cent. 7.

Pl. VIII.
Decad. 10.
Fig. 1. Trichomanes tenuifolia. Burm. Ind. 198.
Dryopteris arborea. Rumph. 6. p. 75. T. 32.
Fougere menue en arbre.
Fig. 2. Ophioglossum scandens. Linn. Sp.
1518. Burm. Ind. 227.
Adianthum minus. Rumph. ibid.
Ophioglosse grimpent.
Fig. 3. Bilix scandens perpulchra. Brasi-
liana Bronn. C. p. 96.
Fougere du Bresil.
Fig. 2.
Fig. 3.
Fig. 1.
Cent. 7.

Fig. 1. Pothos latifolius foliis ovatis,
petiolo latioribus Linn. Sist. nat.
edit. XII. p. 2252 Burm. Ind. 293.
Adpendix arborum. Rumph. 5. p. 48.
Dec 181.
Tapanava.
Fig. 2. Altera species.
Fig. 2.
Fig. 1.
Cent. 7.

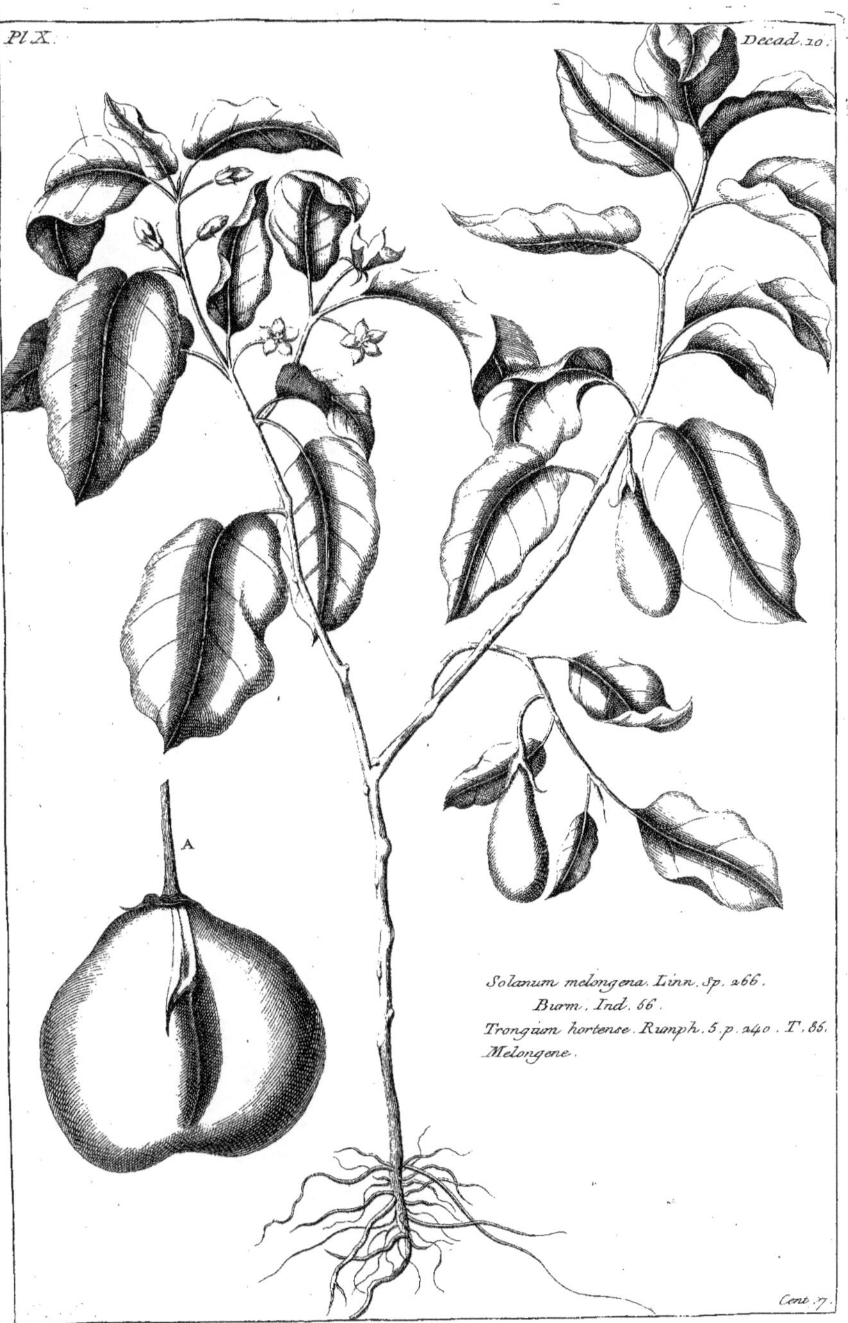

Pl. X.
Decad. 10.
A
Solanum melongena. Linn. Sp. 266.
Burm. Ind. 66.
Tronguam hortense. Rumph. 5. p. 240. T. 85.
Melongene.
Cent. 7.

HISTOIRE

UNIVERSELLE

DU RÈGNE VÉGÉTAL.

HISTOIRE
UNIVERSELLE
DU RÈGNE VÉGÉTAL,
OU
NOUVEAU DICTIONNAIRE
PHYSIQUE ET ÉCONOMIQUE

DE TOUTES LES PLANTES QUI CROISSENT SUR LA SURFACE DU GLOBE:

CONTENANT leurs noms Botaniques & Triviaux dans toutes les Langues, leurs claffes, leurs Familles, leurs Genres & leurs Efpèces ; les endroits où on les trouve le plus communément ; leur culture ; les animaux auxquels elles peuvent fervir de nourriture ; leurs analyfes chymiques ; la manière de les employer pour nos alimens, tant folides que liquides ; leurs propriétés, non-feulement pour la Médecine des hommes, mais encore pour celle des animaux ; les dofes & la manière de les formuler, & les différens ufages pour léfquels on peut s'en fervir dans les Arts & Métiers, &c. &c. &c.

ON y a joint une Bibliothèque raifonnée de tous les livres de Botanique, l'explication des différens termes ufités dans cette partie de l'Hiftoire Naturelle ; une notice de tous les fyftêmes, & enfin la lifte des Profeffeurs & des Jardins Botaniques de l'Europe.

Ouvrage orné de 1100 Planches gravées en taille-douce par les meilleurs Maîtres, & deffinées d'après nature.

Par M. BUC'HOZ, Docteur en Médecine, Médecin Botanifte de Monfieur, frère du Roi, & Médecin de Quartier Surnuméraire de fa Maifon, ancien Médecin de quartier de Monfeigneur le Comte d'Artois, & Médecin ordinaire de feu Sa Majefté le Roi de Pologne, Aggrégé au Collège Royal & à la Faculté de Médecine de Nancy, Affocié des Académies de Mayence, de Châlons, d'Angers, de Dijon, de Béziers, de Caen, de Bordeaux & de Metz, Correfpondant de celles de Rouen & de Touloufe ; Membre de la Société Royale d'Agriculture de Rouen.

TOME HUITIEME DES PLANCHES.

A PARIS.

Chez BRUNET, Libraire, rue des Écrivains, vis-à-vis le Cloître Saint-Jacques, la-Boucherie.

M. DCC. LXXV.
Avec Approbation & Privilége du Roi.

Spiræa Ulmaria. Linn.
Sp. plant. 702.
Reine des Prés.
Cent. B.
J. Robert Sculp.

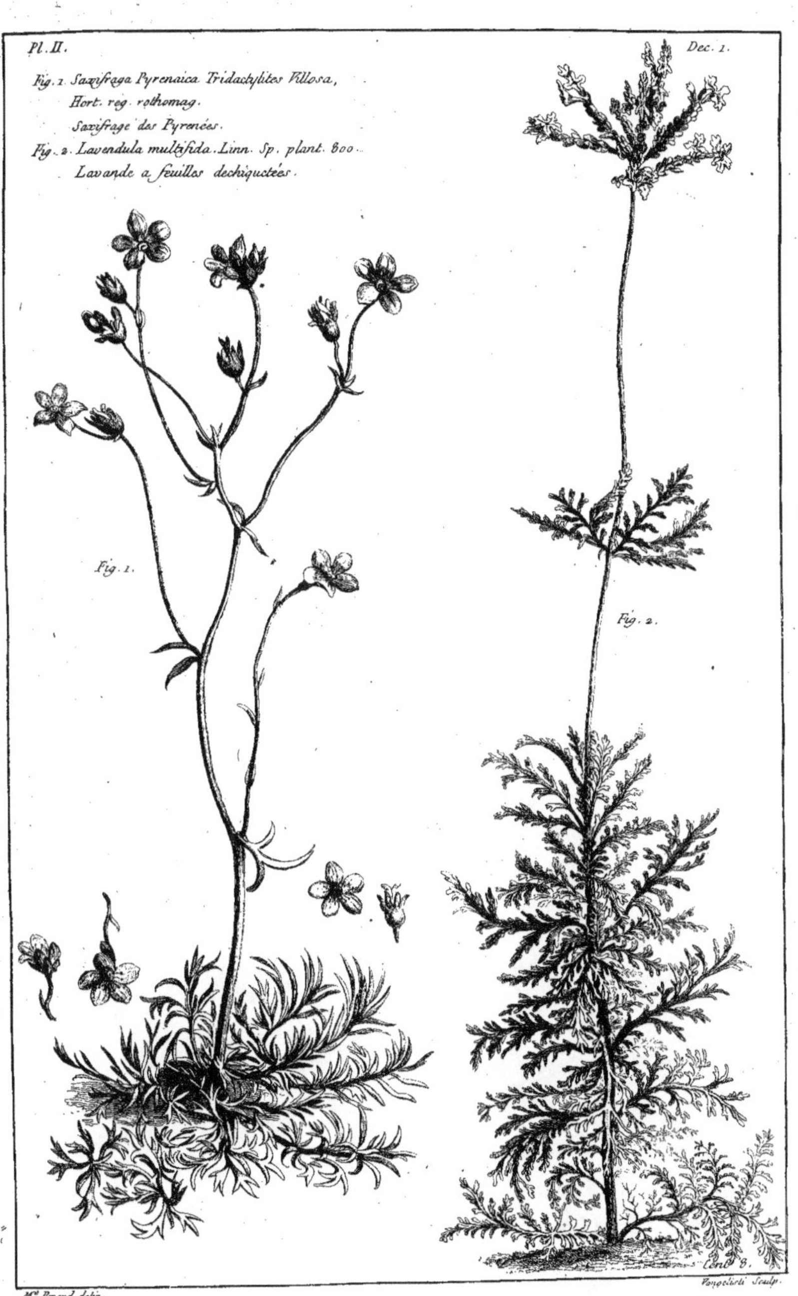

Pl. II.
Dec. 1.
Fig. 1. Saxifraga Pyrenaica Tridactylites Villosa,
Hort. reg. rothomag.
Saxifrage des Pyrénées.
Fig. 2. Lavendula multifida. Linn. Sp. plant. 800.
Lavande a feuilles dechiquetées.
Fig. 1.
Fig. 2.
Cent. 8.
Mr. Penard delin.
Vangelisti Sculp.

Limonia acidissima.
Linn. Sp. plant. 554.
Anisifolium. rumph. 2. T. 83.
Limon Sauvage, de Ceylan.

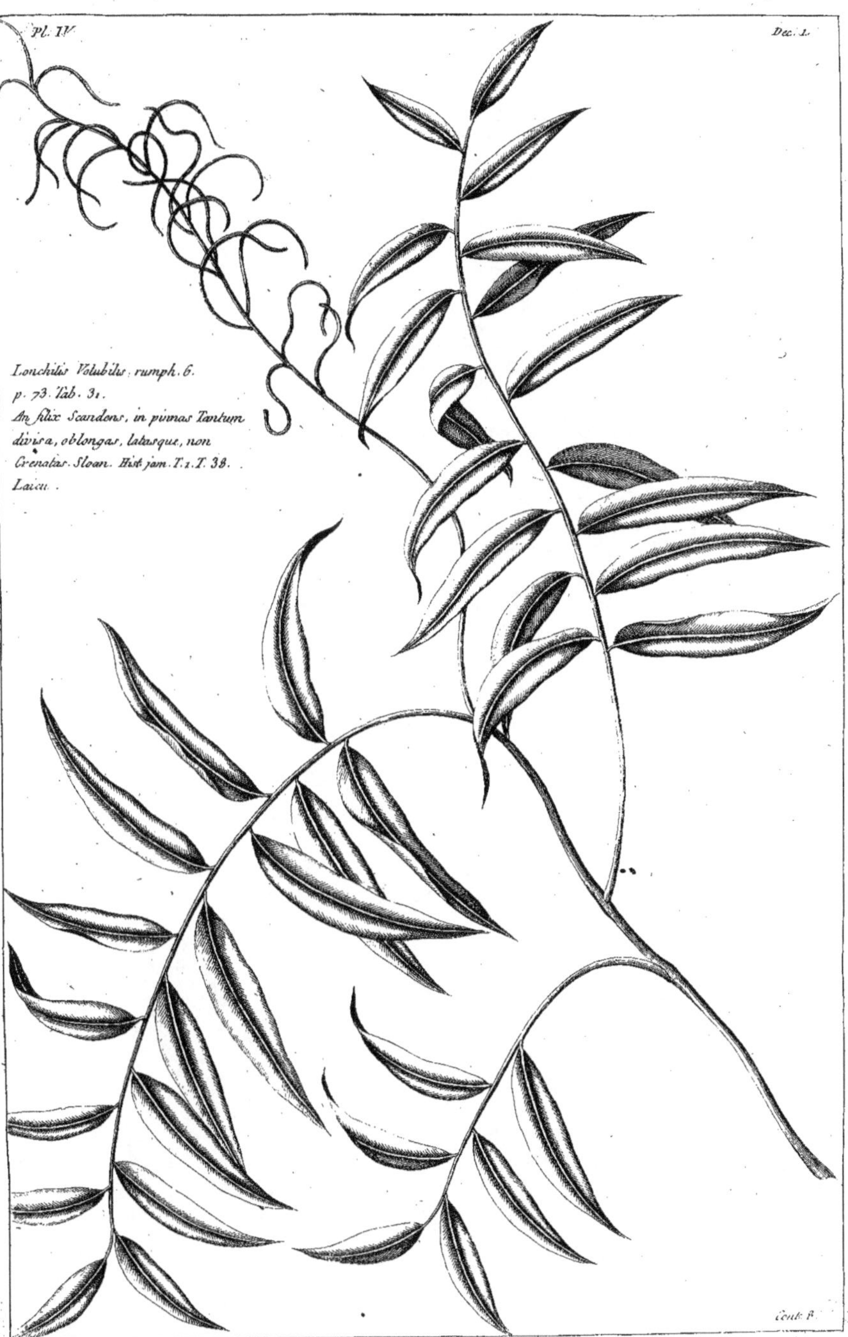
Pl. IV.
Dec. 1.
Lonchitis Volubilis. rumph. 6.
p. 73. Tab. 31.
An filix Scandens, in pinnas Tantum
divisa, oblongas, latasque, non
Crenatas. Sloan. Hist jam. T. 1. T. 38.
Laicu.
Cent. B.

Wachendorfia.
Paniculata. Linn. Sp. plant. 59.
La Wachendorf a panicules

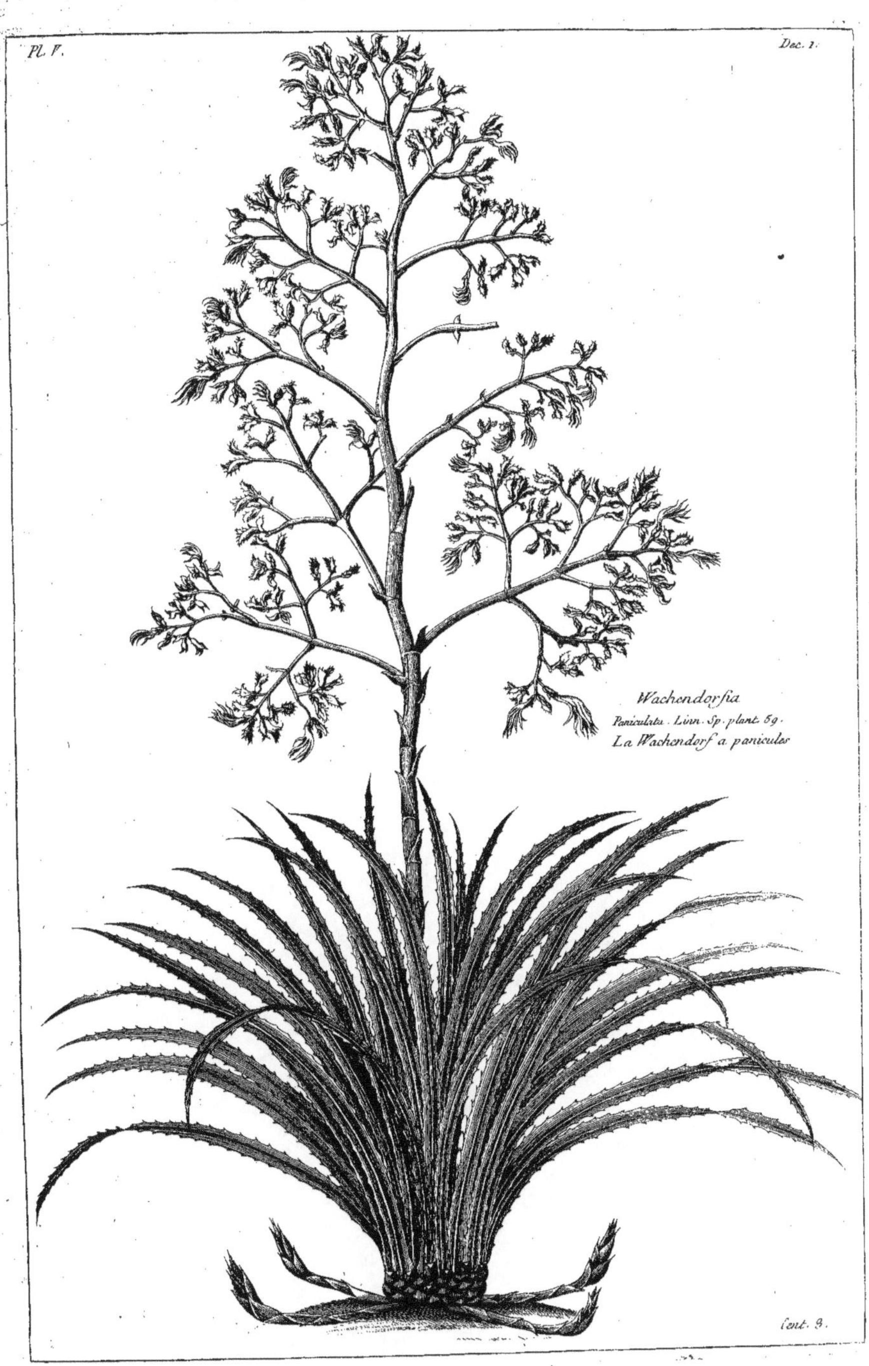

Cent. 3.

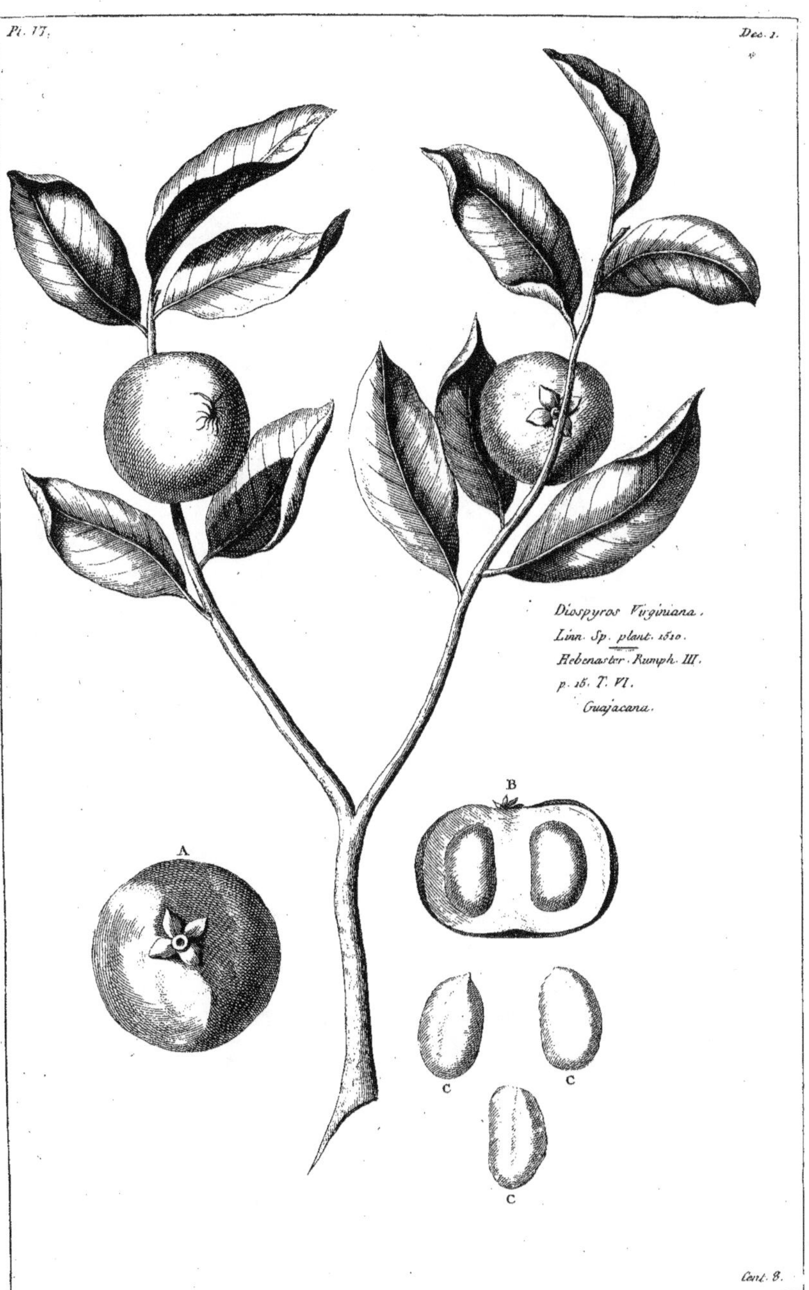
Diospyros Virginiana.
Linn. Sp. plant. 1510.
Hebenaster. Rumph. III.
p. 16. T. VI.
Guajacana.
A
B
C
C
C

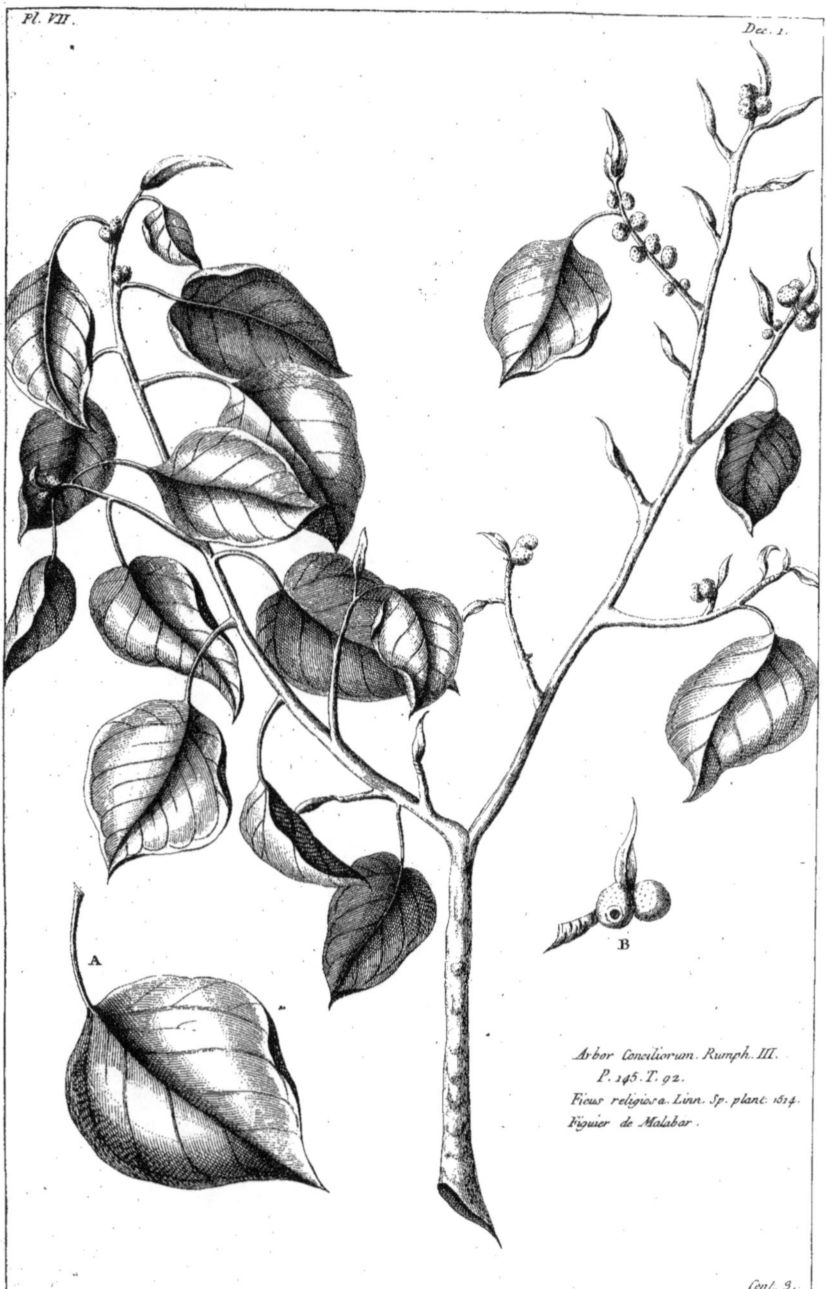

A
B
Arbor Conciliorum. Rumph. III.
P. 145. T. 92.
Ficus religiosa. Linn. Sp. plant. 1514.
Figuier de Malabar.

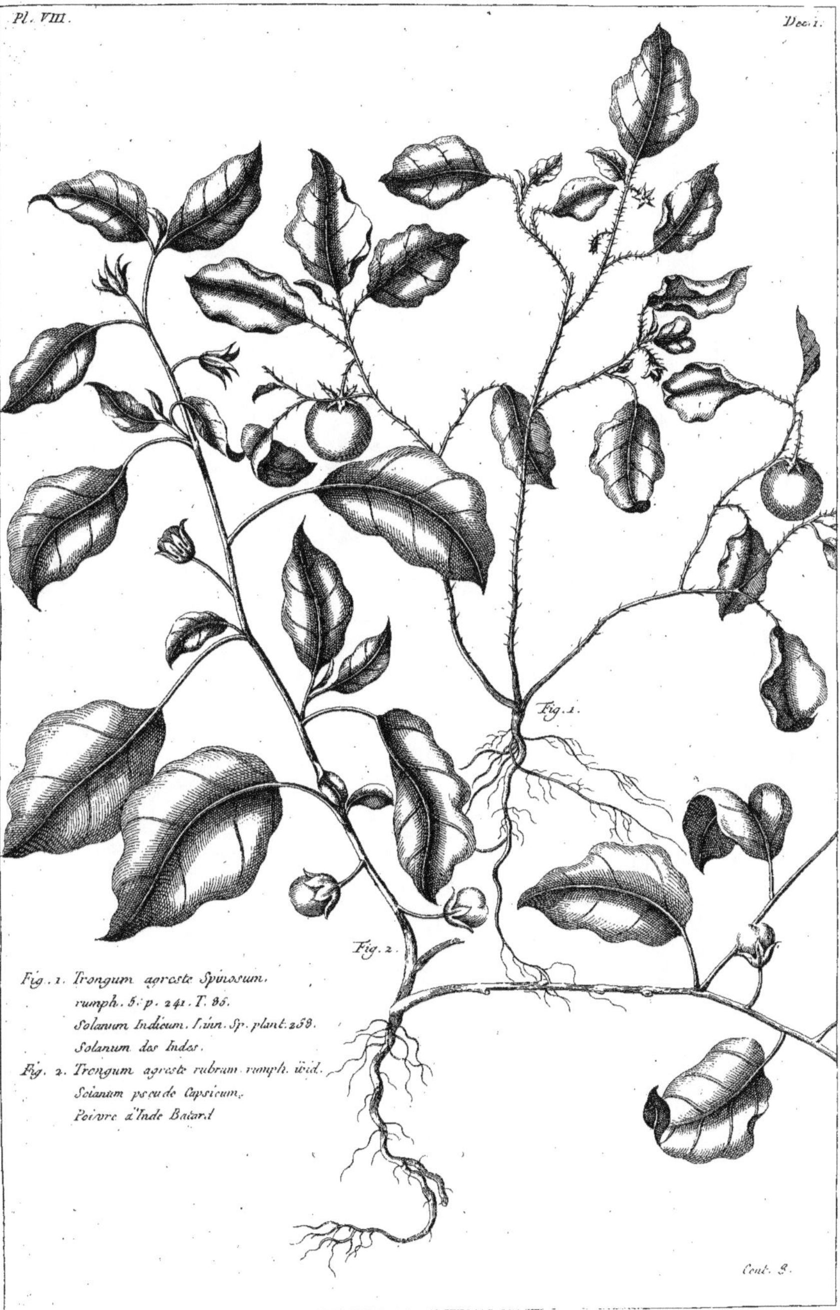

Fig. 1. Trongum agreste Spinosum.
rumph. 5. p. 241. T. 85.
Solanum Indicum. Linn. Sp. plant. 268.
Solanum des Indes.
Fig. 2. Trongum agreste rubrum. rumph. ibid.
Solanum pseudo Capsicum.
Poivre d'Inde Batard.

Fig. 1. Macuerus fœmina.
Rumph. VI. p. 132. T. 58.
Fig. 2. Macuerus Mas. ibid.
Macueru.

Fig. 1. Adulterina. Rumph. 6. p. 59. T. 25.
Adulterine.
Fig. 2. Urena Sinuata, linn Sp. plant. 974.
Lappago Laciniata. Rumph. ibid..
Alcée des Indes en Arbre.
A
Fig. 2.
Fig. 1.

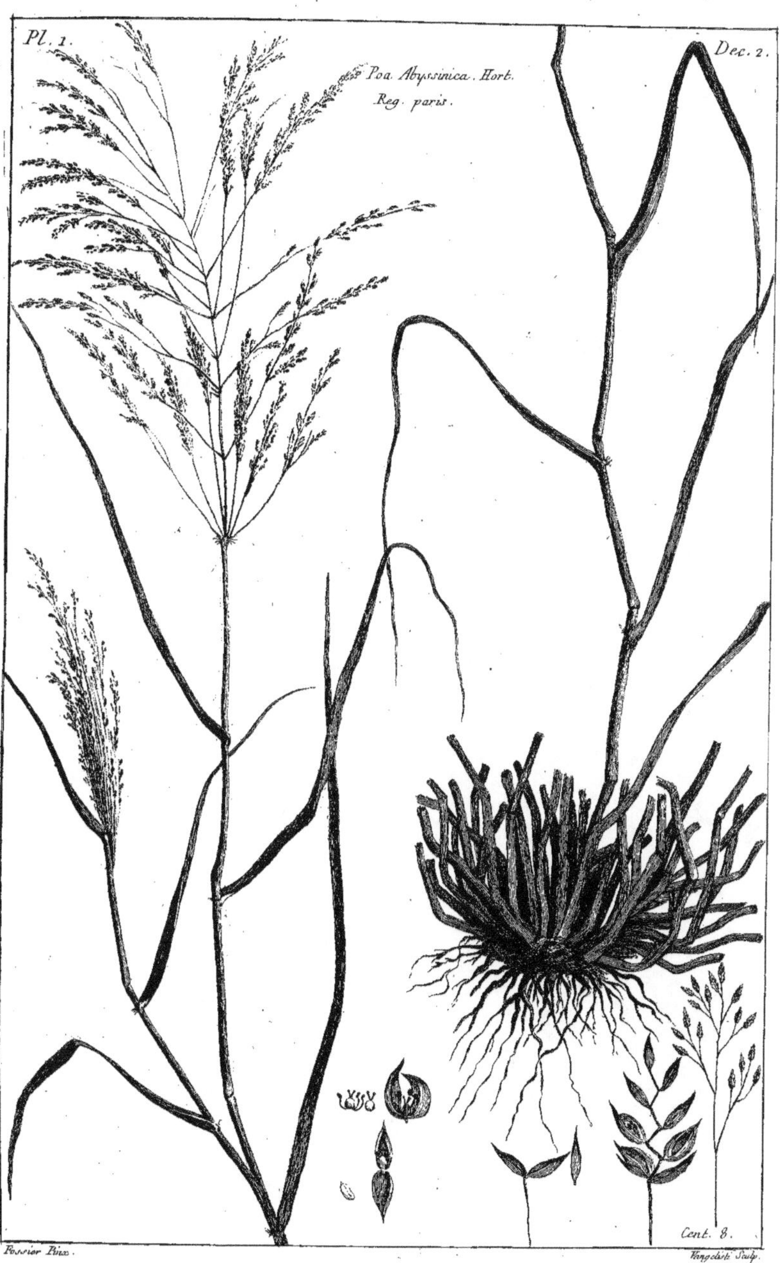

Pl. 1.
Dec. 2.
Poa Abyssinica. Hort.
Reg. paris.
Fossier Pinx.
Vangelisti Sculp.
Cent. 8.

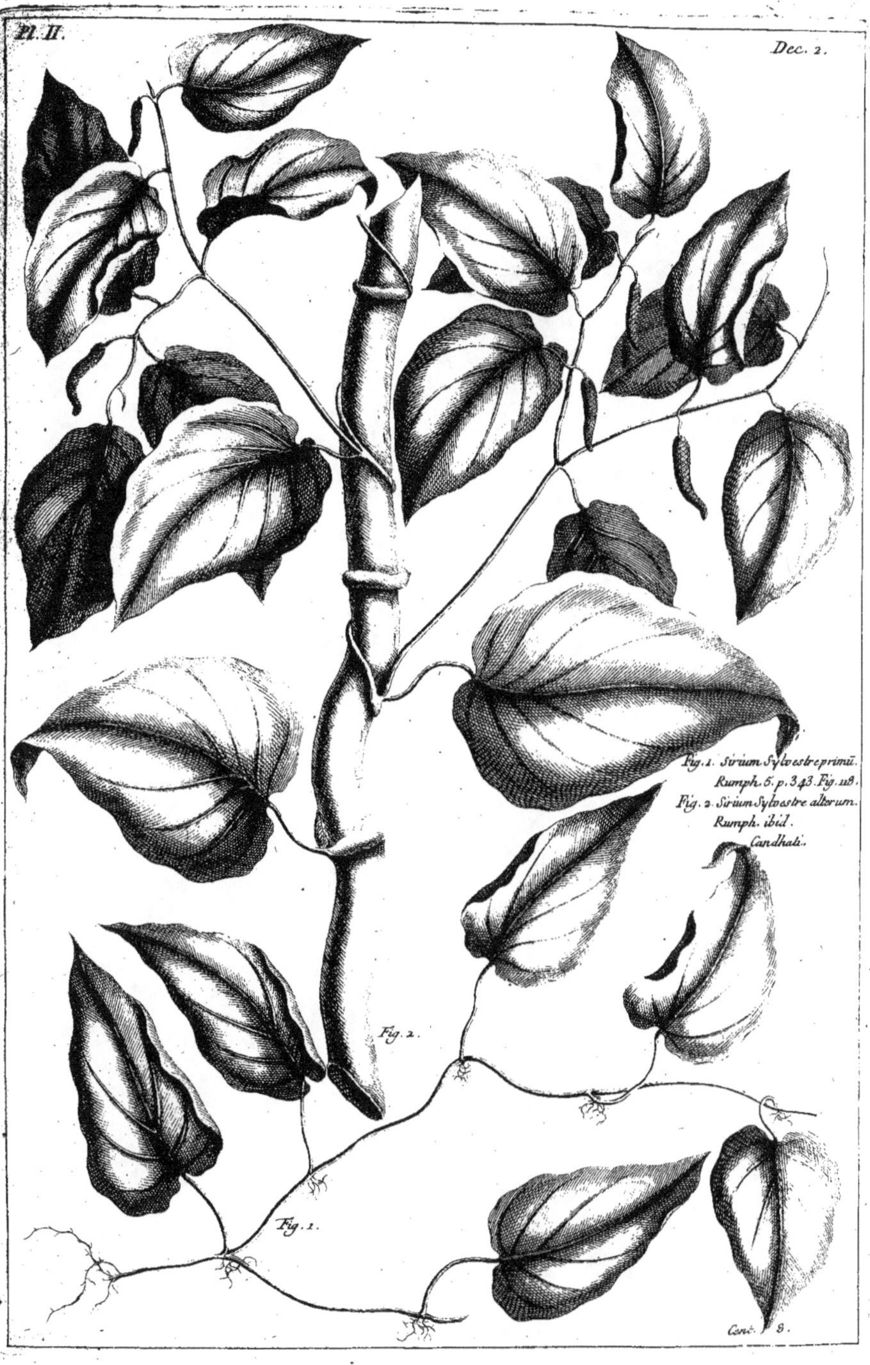
Pl. II.
Dec. 2.
Fig. 1. Sirium Sylvestre primū.
Rumph. 5. p. 343. Fig. 118.
Fig. 2. Sirium Sylvestre alterum.
Rumph. ibid.
Candhati.
Fig. 2.
Fig. 1.
Cent. 3.

Pl. III.
Dec. 2.
Costus Arabicus. Linn.
Sp. Plant. 2. Burm. Ind
Zerumbet. rumph. 5. p. 172. T. 68.
Costus Arabique.
B
B
A
A
Cent. 8.

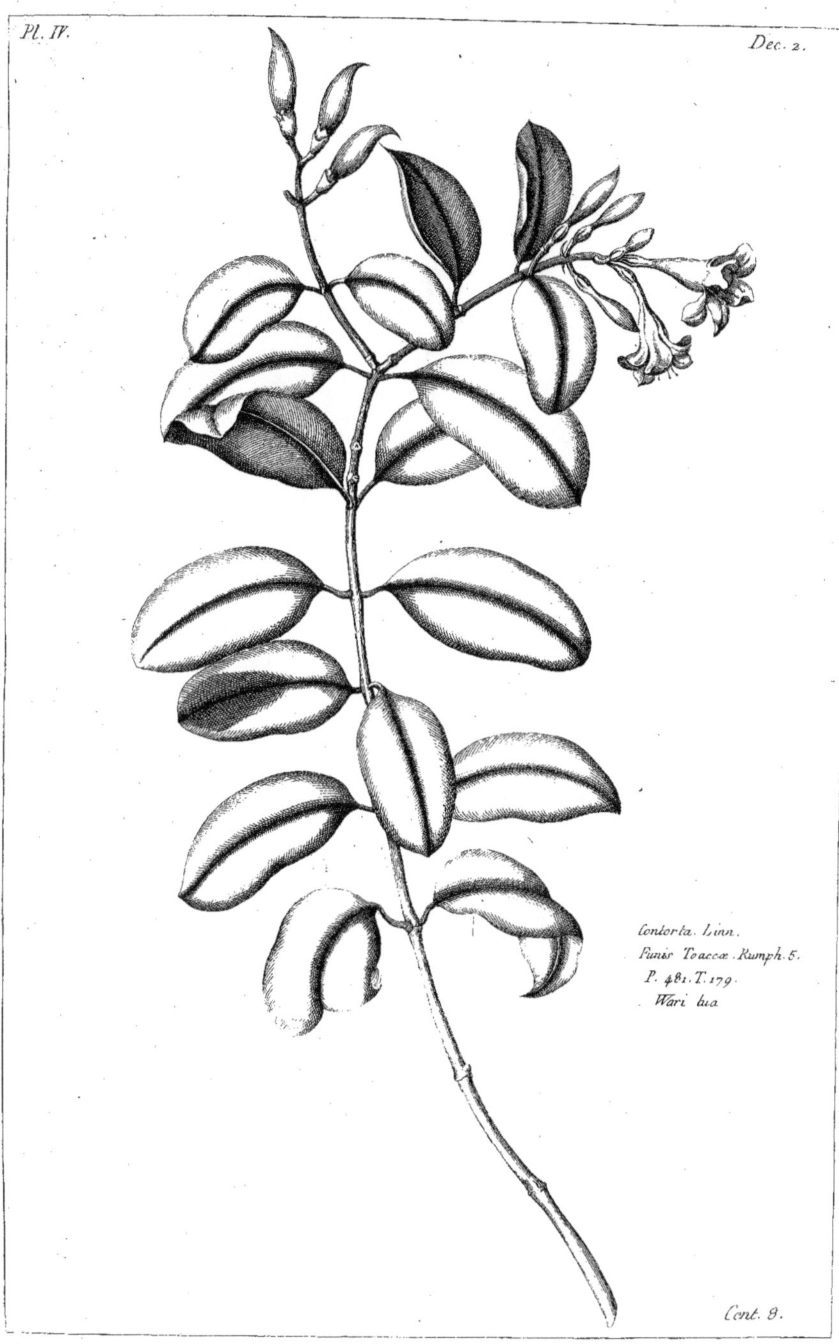
Contorta. Linn.
Funis Toaccæ. Rumph. 5.
P. 481. T. 179.
Wari hia

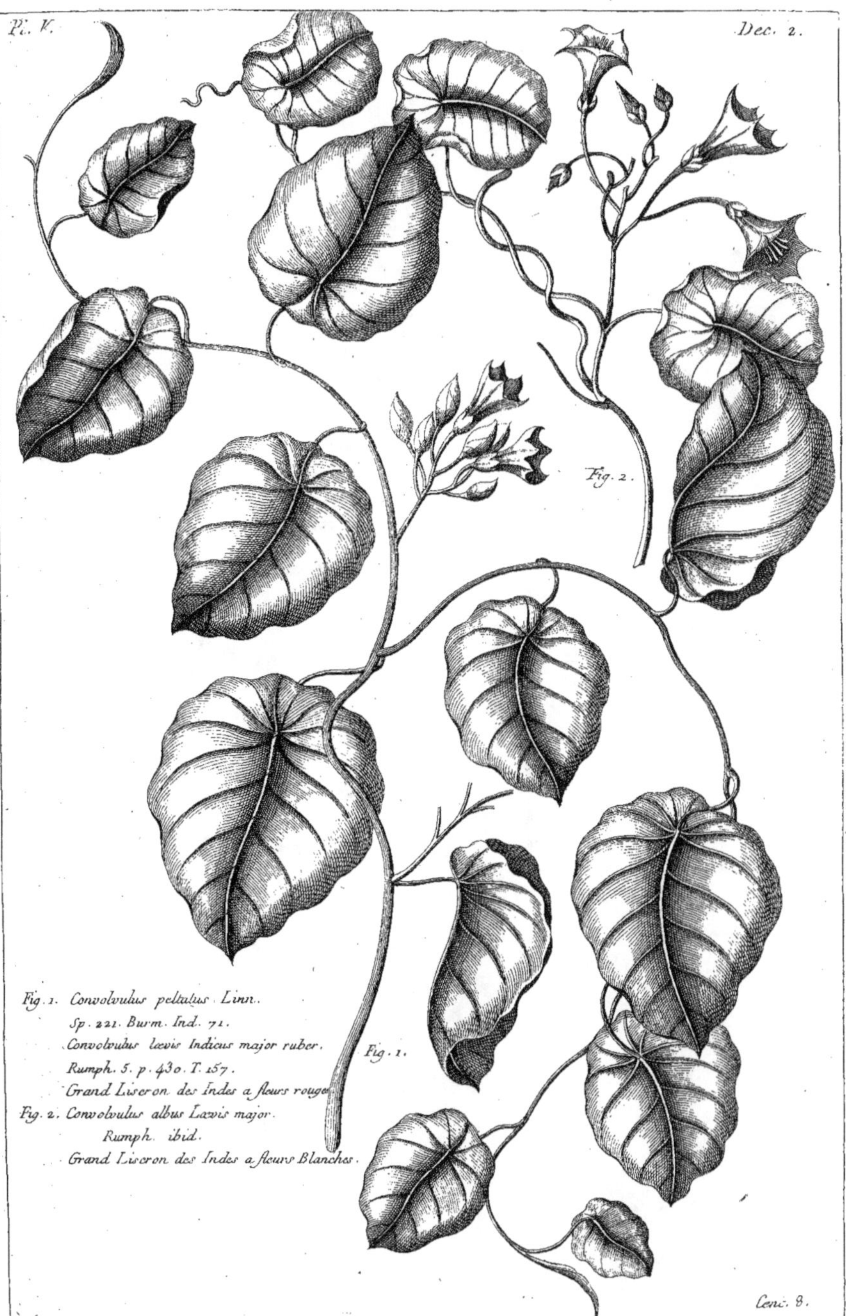

Pl. V.
Dec. 2.
Fig. 2.
Fig. 1.
Fig. 1. Convolvulus peltatus Linn.
   Sp. 221. Burm. Ind. 71.
   Convolvulus lævis Indicus major ruber.
   Rumph. 5. p. 430. T. 157.
   Grand Liseron des Indes a fleurs rouges
Fig. 2. Convolvulus albus lævis major.
        Rumph. ibid.
   Grand Liseron des Indes a fleurs Blanches.
Cent. 8.

Cent. 8.

Pulassarium verum. Rumph. 5.
p. 34. T. 20.
Pulassari.

cent. 8.

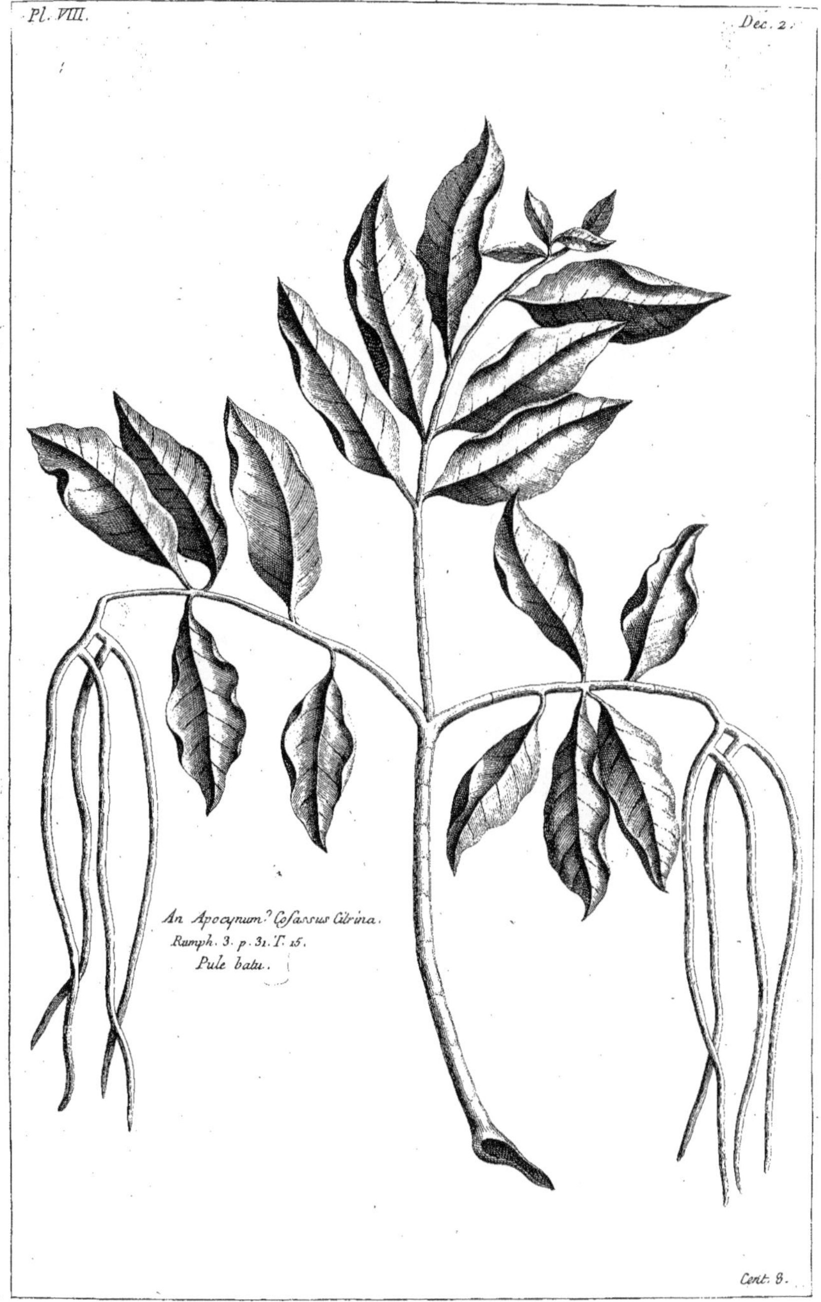
An Apocynum? Cofassus Citrina.
Ramph. 3. p. 31. T. 15.
Pule batu.

Caryophyllaster ruber. Rumph. 3.
p. 212. T. 136.
Daun Kitsjil.

Dammara nigra.
Rumph. 2. p. 162. T. 53.
Dammar itam.

Cortex fœtidus.
Rumph. Auct. 13. T. 7.
Ecorce puante.

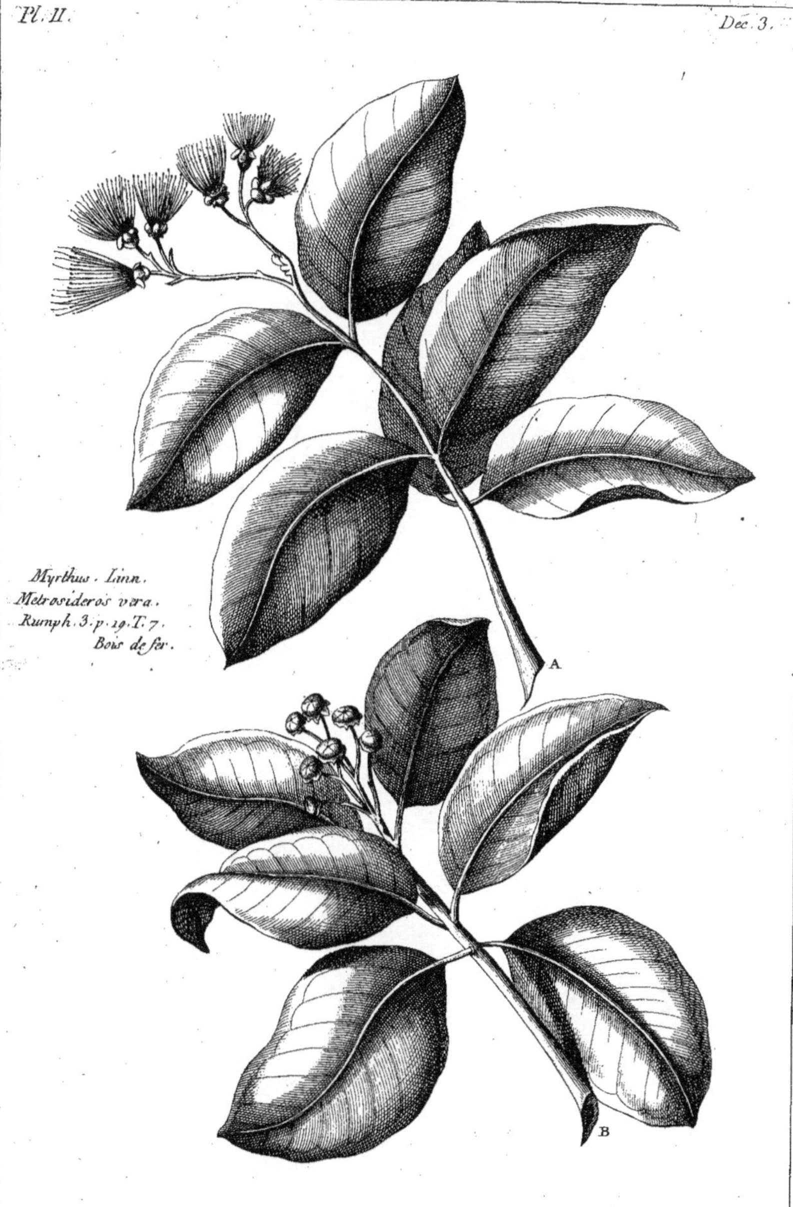
Myrthus. Linn.
Metrosideros vera.
Rumph. 3. p. 19. T. 7.
Bois de fer.
A.
B.

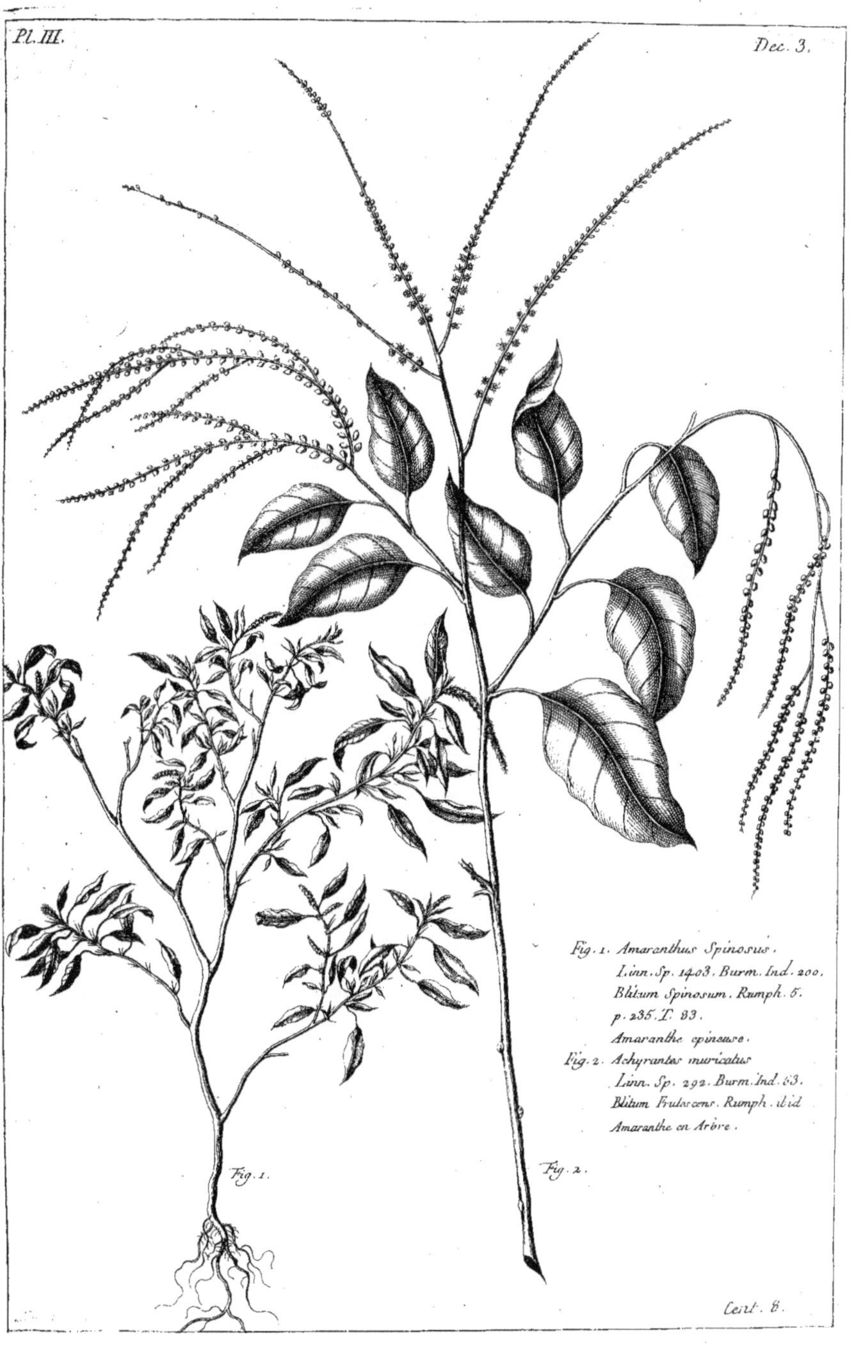

Fig. 1. Amaranthus Spinosus.
Linn. Sp. 1403. Burm. Ind. 200.
Blitum Spinosum. Rumph. 5.
p. 235. T. 83.
Amaranthe epineuse.
Fig. 2. Achyrantes muricatus
Linn. Sp. 292. Burm. Ind. 83.
Blitum Frutescens. Rumph. ibid
Amaranthe en Arbre.

Poinciana Pulcherrima. Linn. Bijuga
Sp. 544. Burm. Ind. 98.
Crista pavonis rumph. 4. p. 55. T. 20.
La Poinciane ou Crête de Coq.

Cent. 5.

Pl. V.
Dec. 3.
Caryota urens Linn.
Sp. 1660. Burm. Ind. 241.
Saguaster Major. Rumph.
1. p. 67. T. 14.
Palmier des Indes a Feuilles
d'Adiante.
Cent. 8.

Fig. 1. Isis Ocracea.
Pull. 2. 230.
Accarbarium rubrum.
Rumph. 6. p. 235. T. 85.
Corail articulé.
Fig. 2. Alcyonium Indicum rubrum.
Rumph. ibid.
Tuyau d'Orgues.

Fig. 1.

Fig. 2.

Cephalanthus Orientalis.
Linn. Sp. 243. Burm. Ind. 202.
Samama. rumph. 3. p. 37. T. 19.
Cephalanthe Oriental.

Cent. 8.

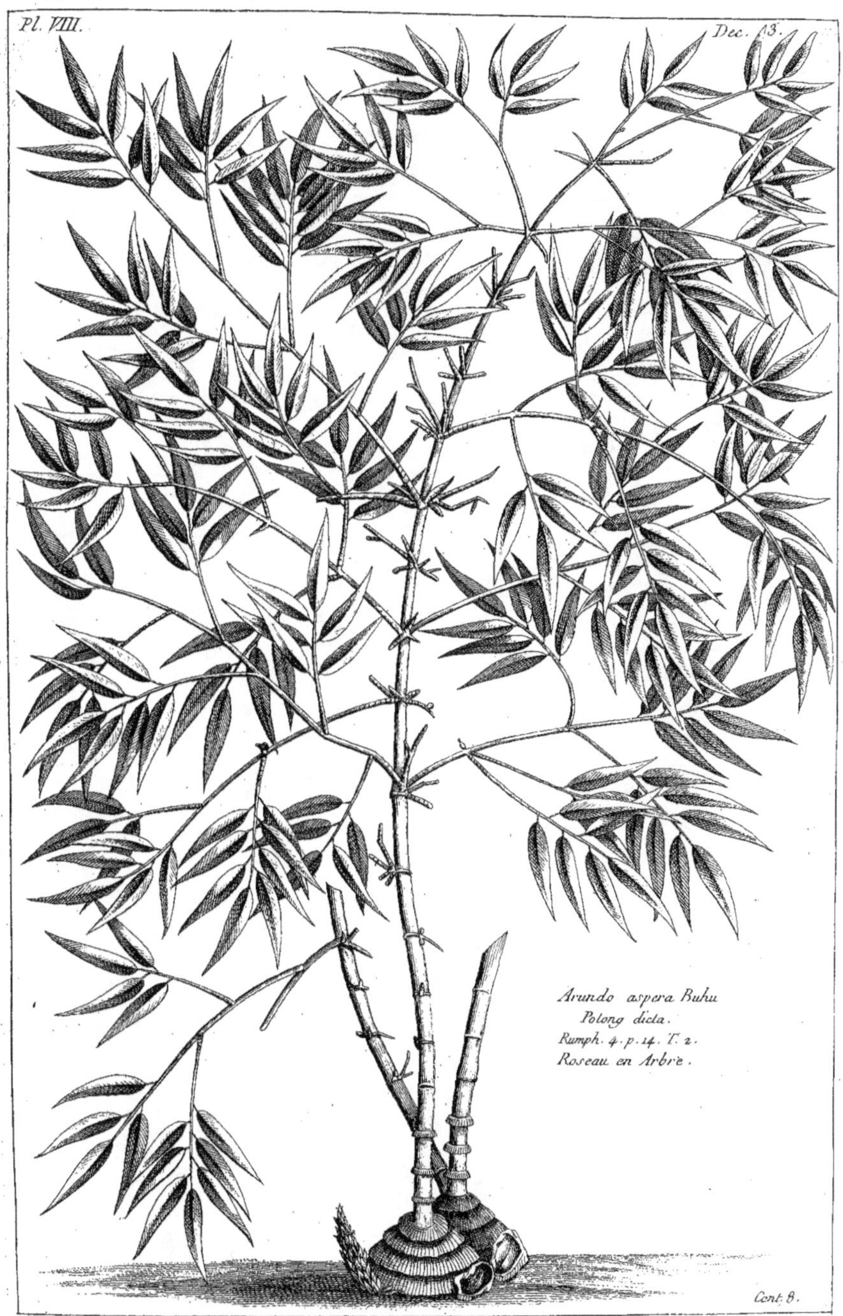

Pl. VIII.
Dec. 13.
Arundo aspera Buhu
Polong dicta.
Rumph. 4. p. 14. T. 2.
Roseau en Arbre.
Cont: 8.

Metrosideros Molucca fœmina.
Rumph. 3. p. 27. T. 12.
Samar femelle.

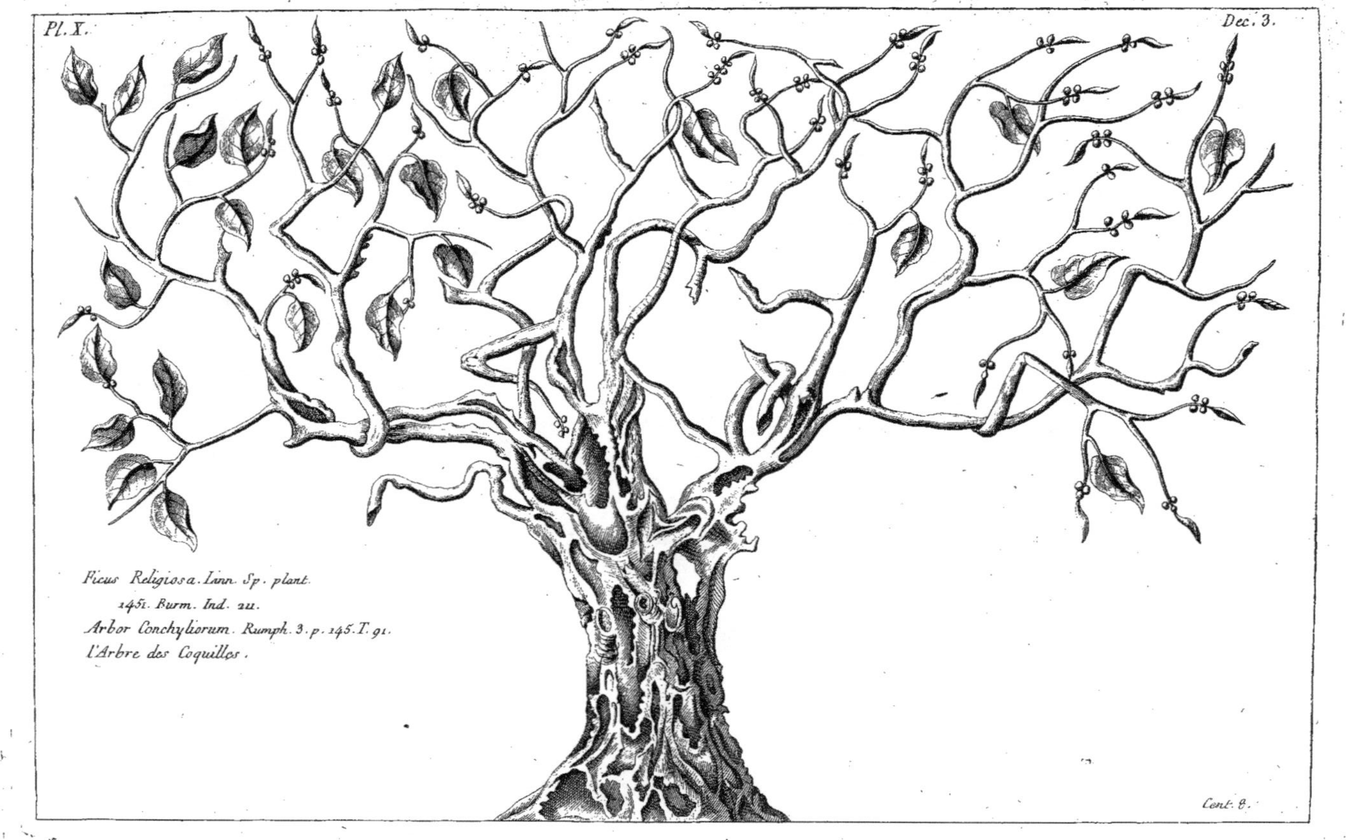

Ficus Religiosa. Linn. Sp. plant.
145. Burm. Ind. 211.
Arbor Conchyliorum. Rumph. 3. p. 145. T. 91.
l'Arbre des Coquilles.

Justicia picta. Linn. Sp. 21.
Burm. flor. Ind. 7.
Folium Bracteatum. Rumph. 4. p. 74. T. 30.
Peryclymene des Indes.

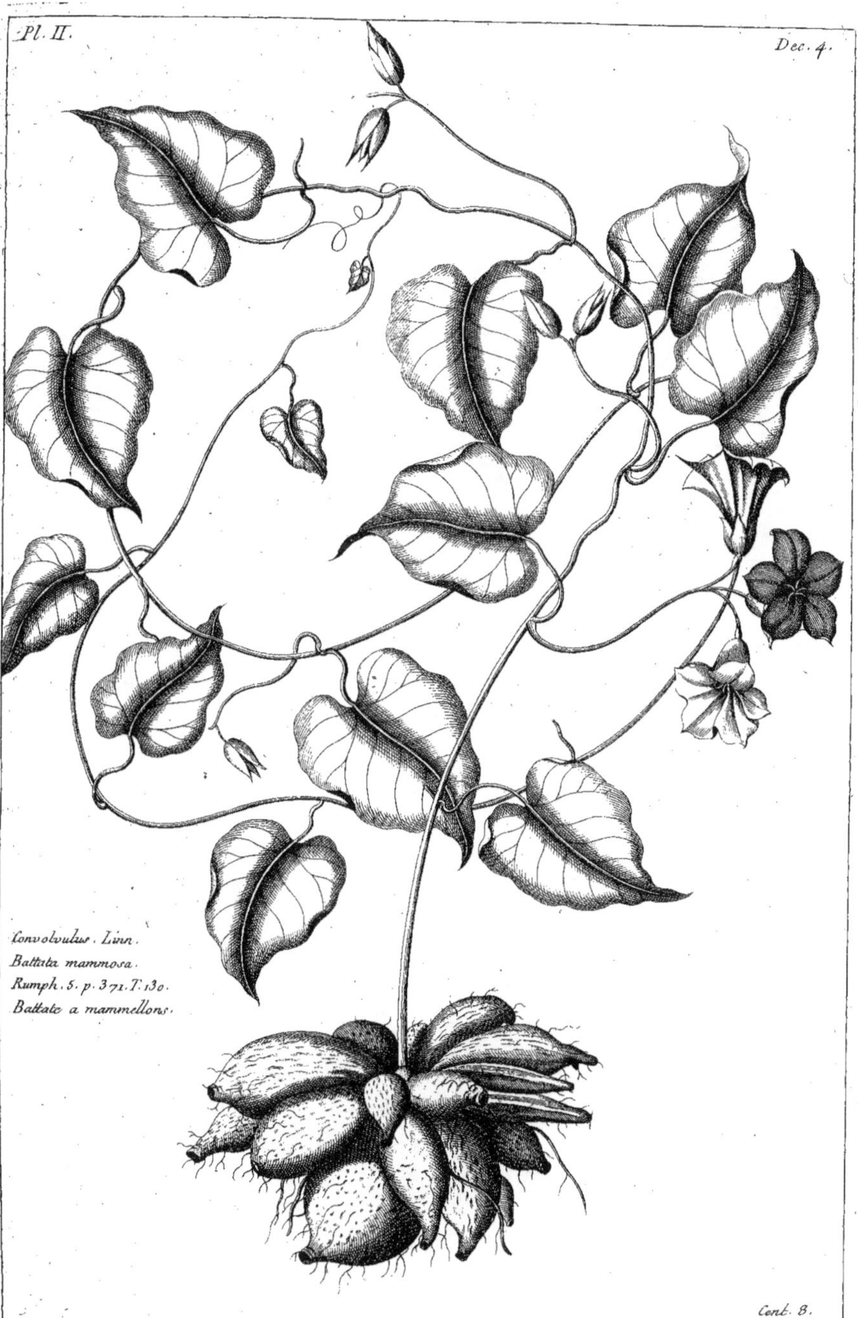

Convolvulus. Linn.
Battata mammosa.
Rumph. 5. p. 371. T. 130.
Battate a mammellons.

Cent. 3.

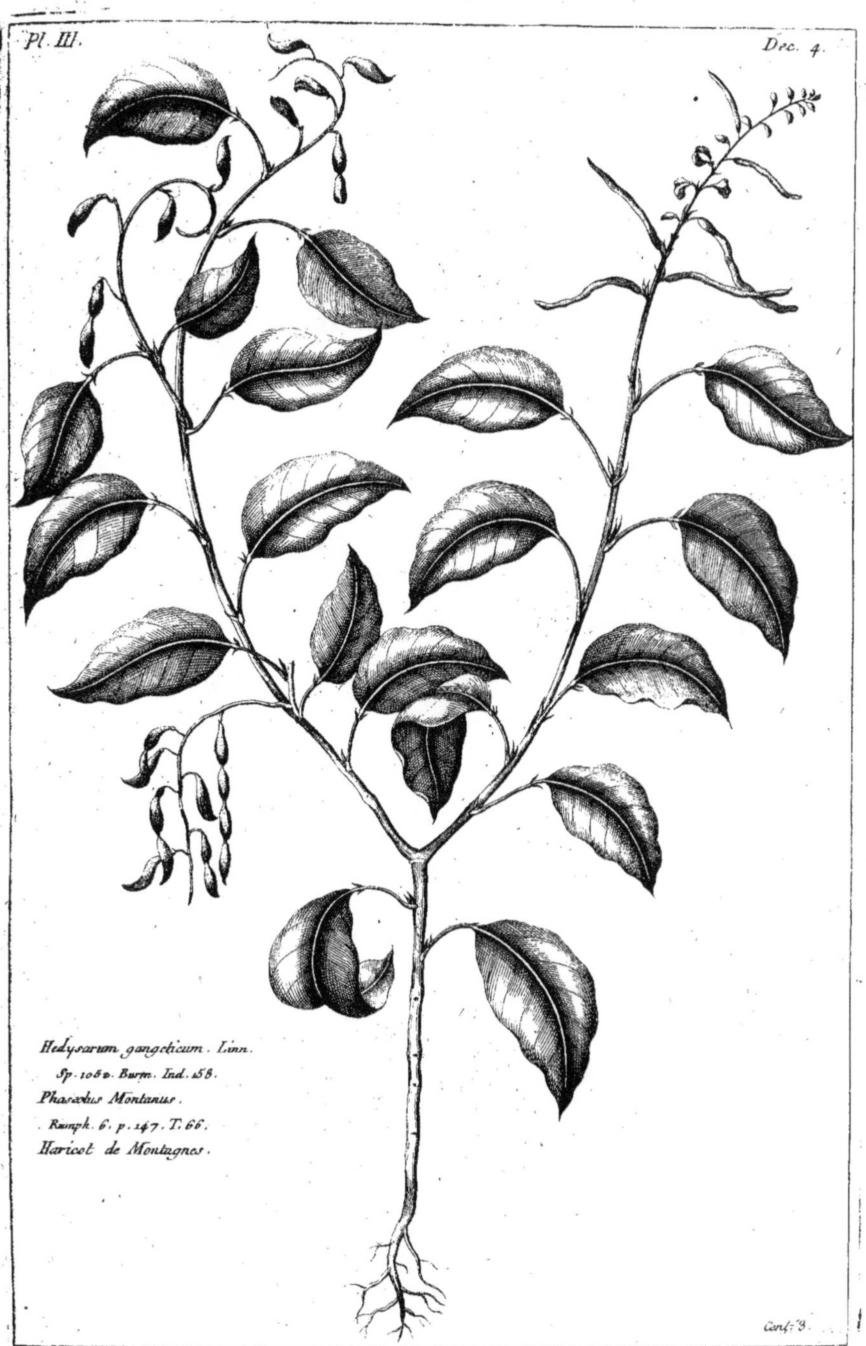

Pl. III.
Dec. 4.
Hedysarum gangeticum. Linn.
Sp. 1052. Burm. Ind. 158.
Phaseolus Montanus.
Rumph. 6. p. 147. T. 66.
Haricot de Montagnes.
Conf. 3.

Erythroxylum. B.
Lacca Lignum. Rumph.
5. p. 20. T. 13.
Bois de lacque.
a
Cent. 8.

Epidendrum furvum. Linn.
Sp. 1348. Burm.Ind. 189.
Angræcum neruosum.
Rumph. 6. p. 106. T. 48.
Bulbe rouge.

Fig. 1. *Cucurbita Citrullus. Linn.*
Sp. 1435. B. Ind. 209.
Anguria Indica. Rumph. 5. p. 403. p. 1406.
Citrouille
Fig. 2. *Melotria pendula Linn. Sp. 49.*
Cucumis Sinensis. Rumph. Ibid.
Cocombre de la Chine.

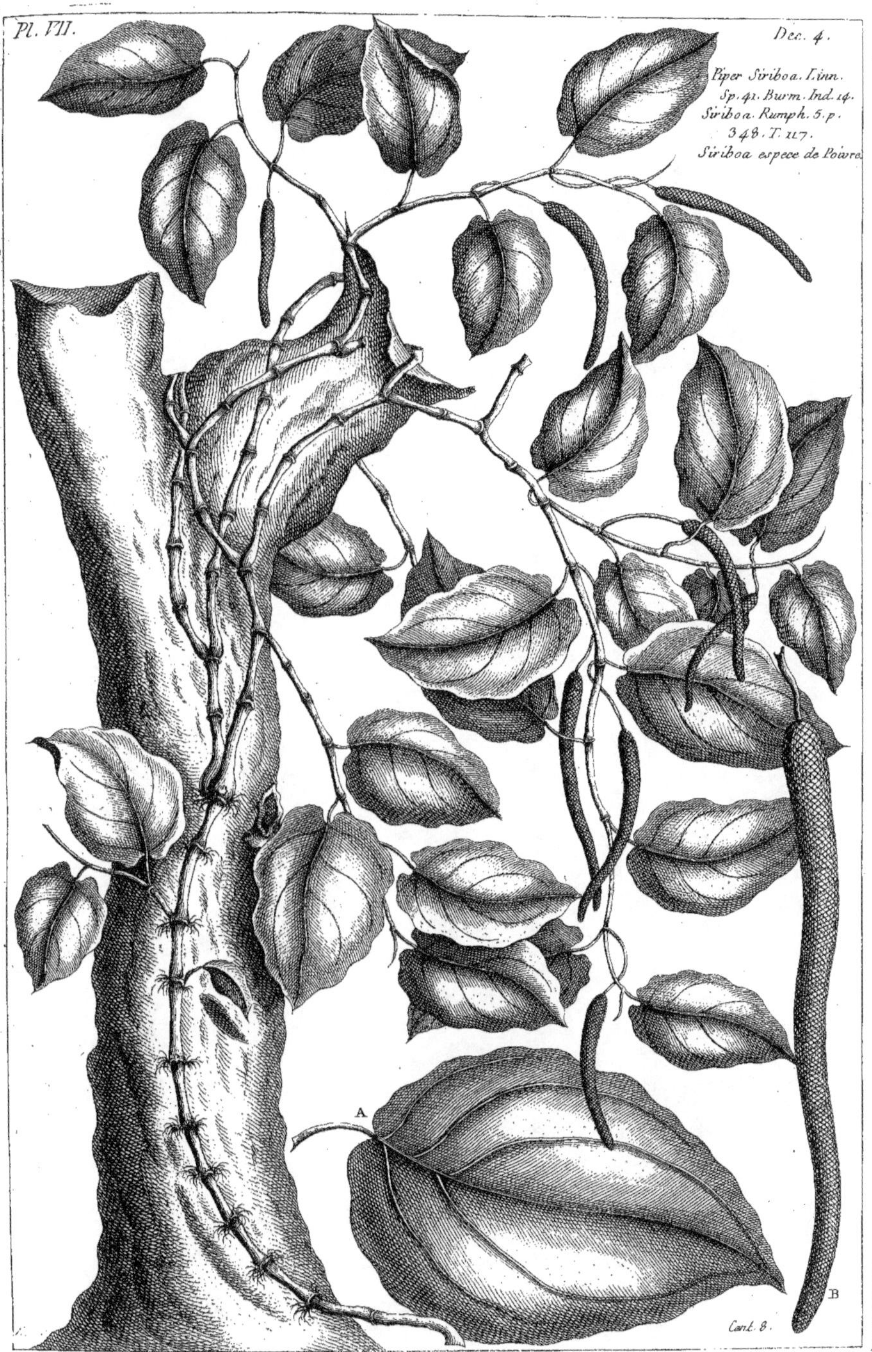

Pl. VII.
Dec. 4.
Piper Siriboa. Linn.
Sp. 41. Burm. Ind. 14.
Siriboa. Rumph. 5. p.
348. T. 117.
Siriboa espece de Poivre.
A
B
Cart. 8.

Adenanthera falcata, foliis Subtus
Tomentosis. Linn. Sp. 550. Bur. Ind. 101.
Clypearia rubra. Rumph. 3. p. 177. T. 112.
Sya.

Uvaria Zeylanica. Linn. Sp.
786. Burm. Ind. 124.
Fig. 1. Cananga Sylvestris trifolia.
Rumph. 2. p. 199. T. 66.
Fig. 2. Cananga Sylvestris angustifolia
Rumph. ibid.
Raisin Sauvage de Ceylan.
Fig. 2.
Fig. 1.
Cent. 8.

Pl. X.
Dec. 4.
Sida alnifolia. Linn. Sp.
961. Burm. Ind. 146.
Silagurium vulgare.
Rumph. 6. p. 47. T. 19.
Side a feuilles d'aulne.
Cent. 8.

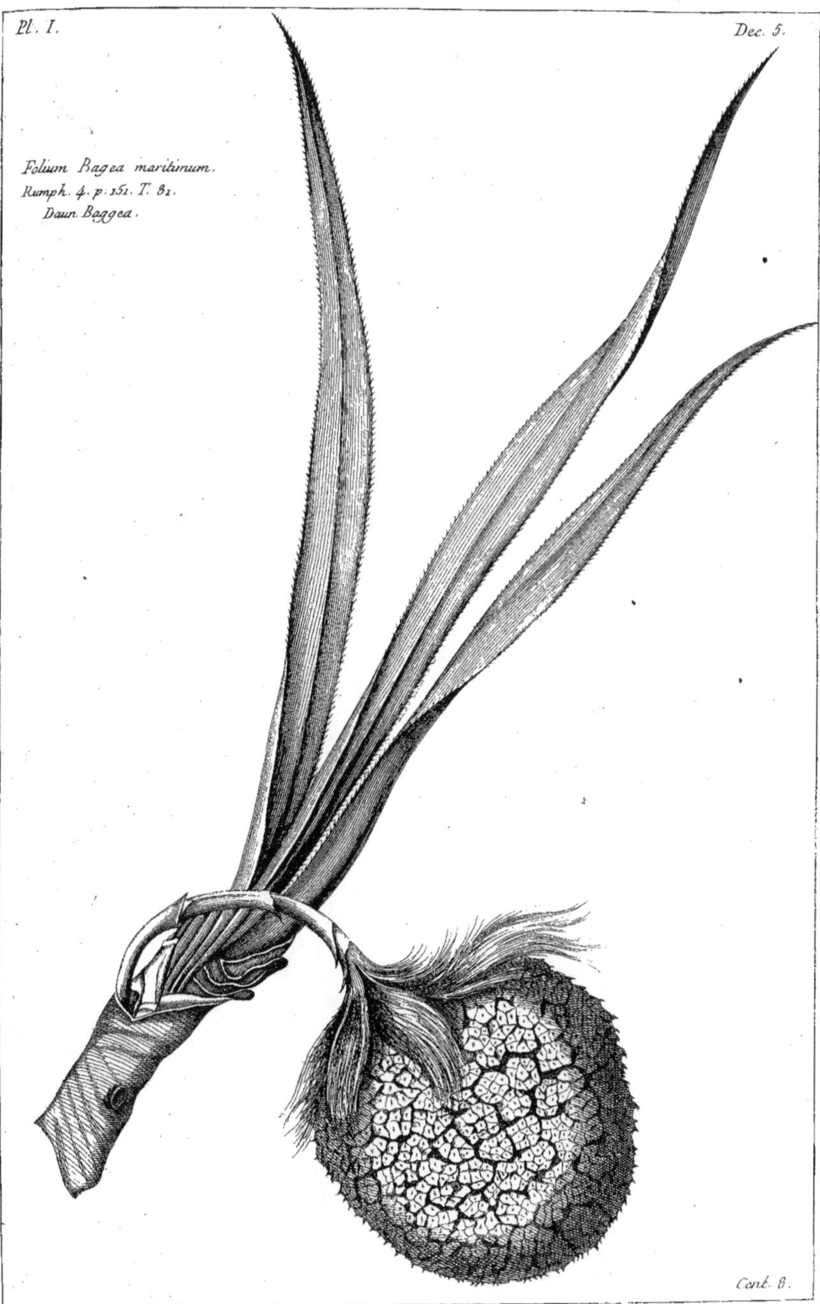
Folium Bagea maritimum.
Rumph. 4. p. 151. T. 81.
Daun Bagqea.
Cent. 8.

Frutex aquosus fœmina.
Rumph. 4. p. 104. T. 45.
Arbrisseau aqueux femelle.
A
B

Pl. III.
Dec. 5.
Involucrum. Rumph.
6. p. 115. T. 53.
Ahaain.
Cent. 3.

Machilus Angustifolia seu minima
Rumph. 4. p. 70. T. 42.
Laurus . B.
Espece de Laurier.

Croton laciferum. Linn.
Sp. 1426. Burm. 204.
Halecus Terrestris.
Rumph. 3. p. 199. T. 127.
Ricin en arbre Aromatique.

Cut. 8.

Dracontium polyphyllum. Linn. S. 604.
Tacca sativa. Rumph. 5. p. 326. T. 112.
Serpentaire des Indes.

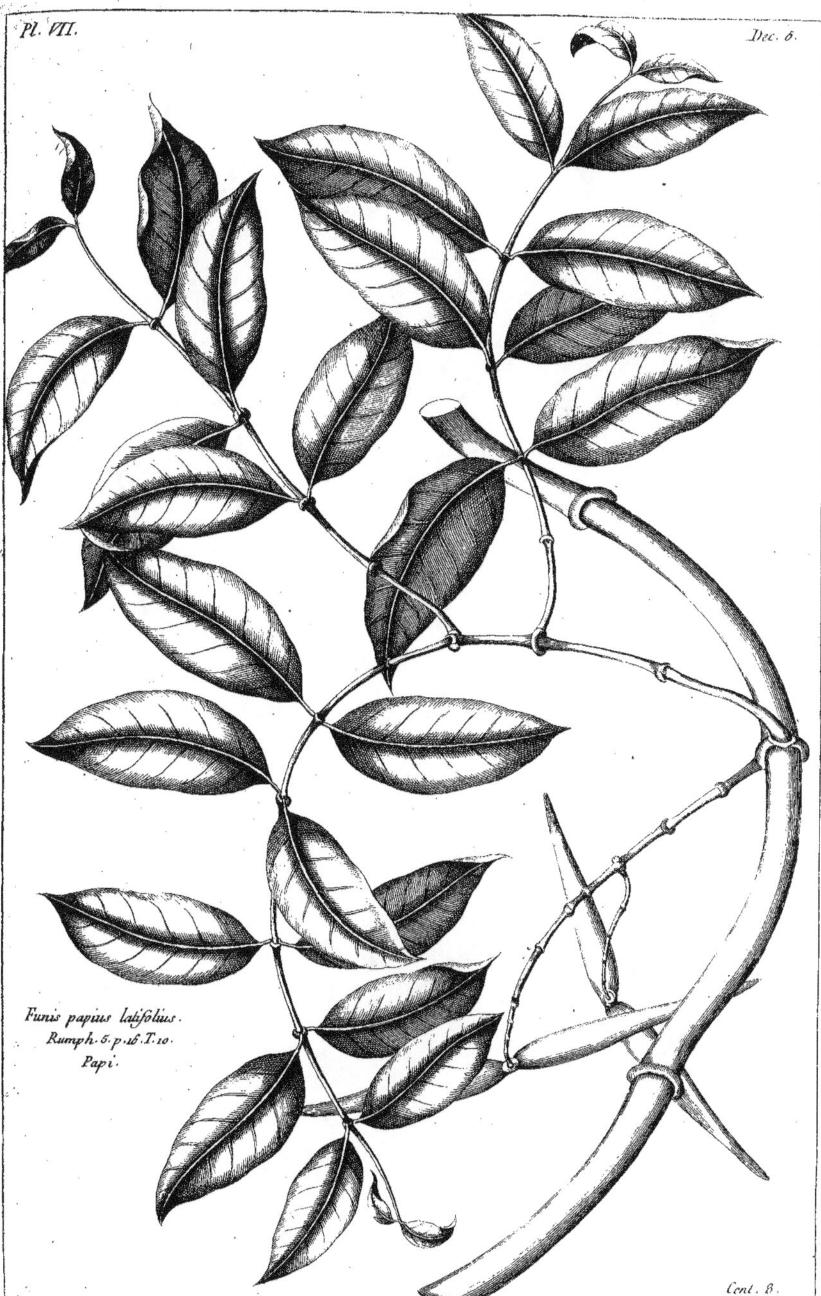

Pl. VII.
Dec. 6.
Funis papius latifolius.
Rumph. 5. p. 16. T. 10.
Papi.
Cent. 3.

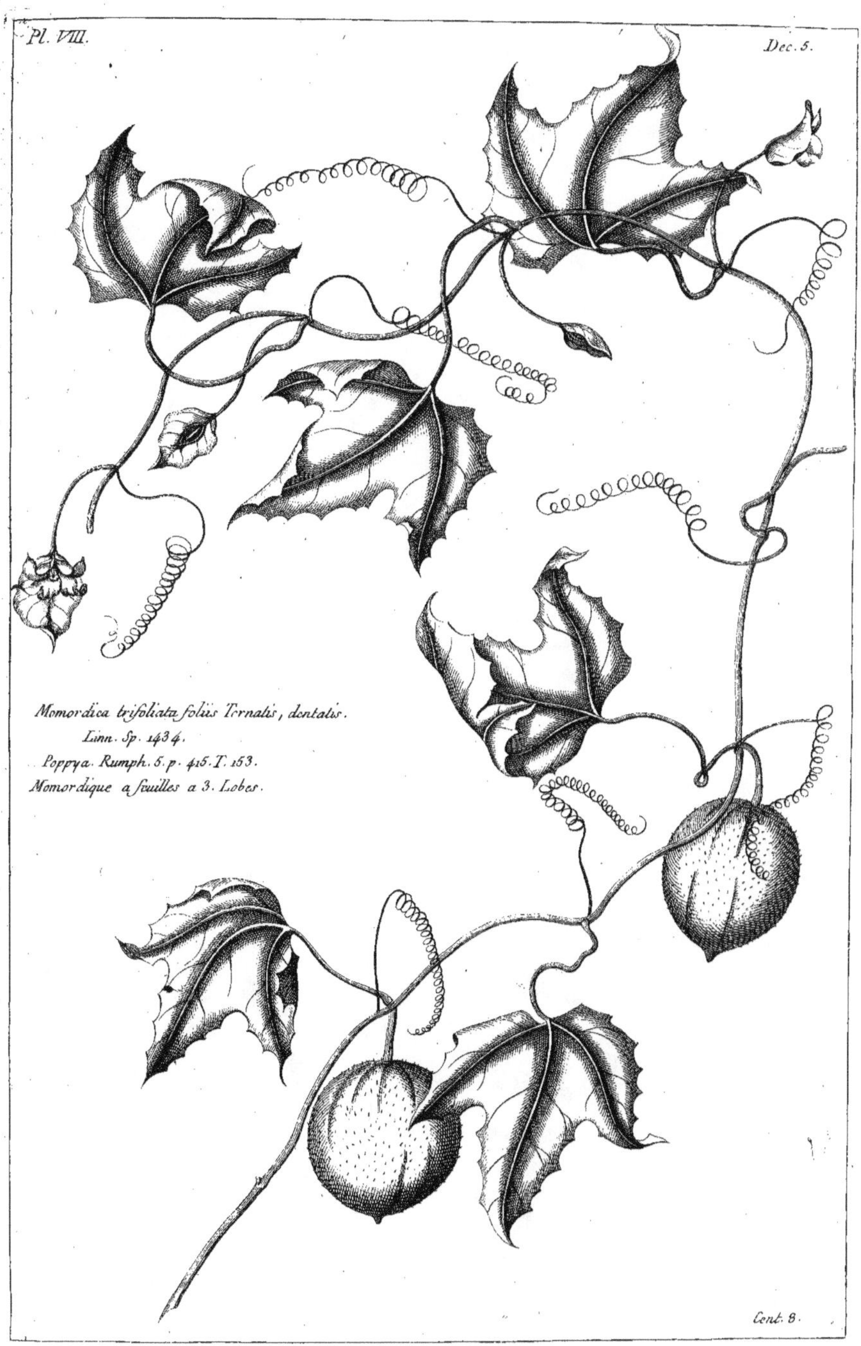

Momordica trifoliata foliis Ternatis, dentatis.
Linn. Sp. 1434.
Poppya Rumph. 5. p. 415. T. 153.
Momordique a feuilles a 3. Lobes.

Pl. IX.
Dec. 5.
Bromelia ananas. Linn.
Sp. 408.
Anassa. Rumph. 5. p. 230. T. 81.
Ananas.
A
Cent. 8.

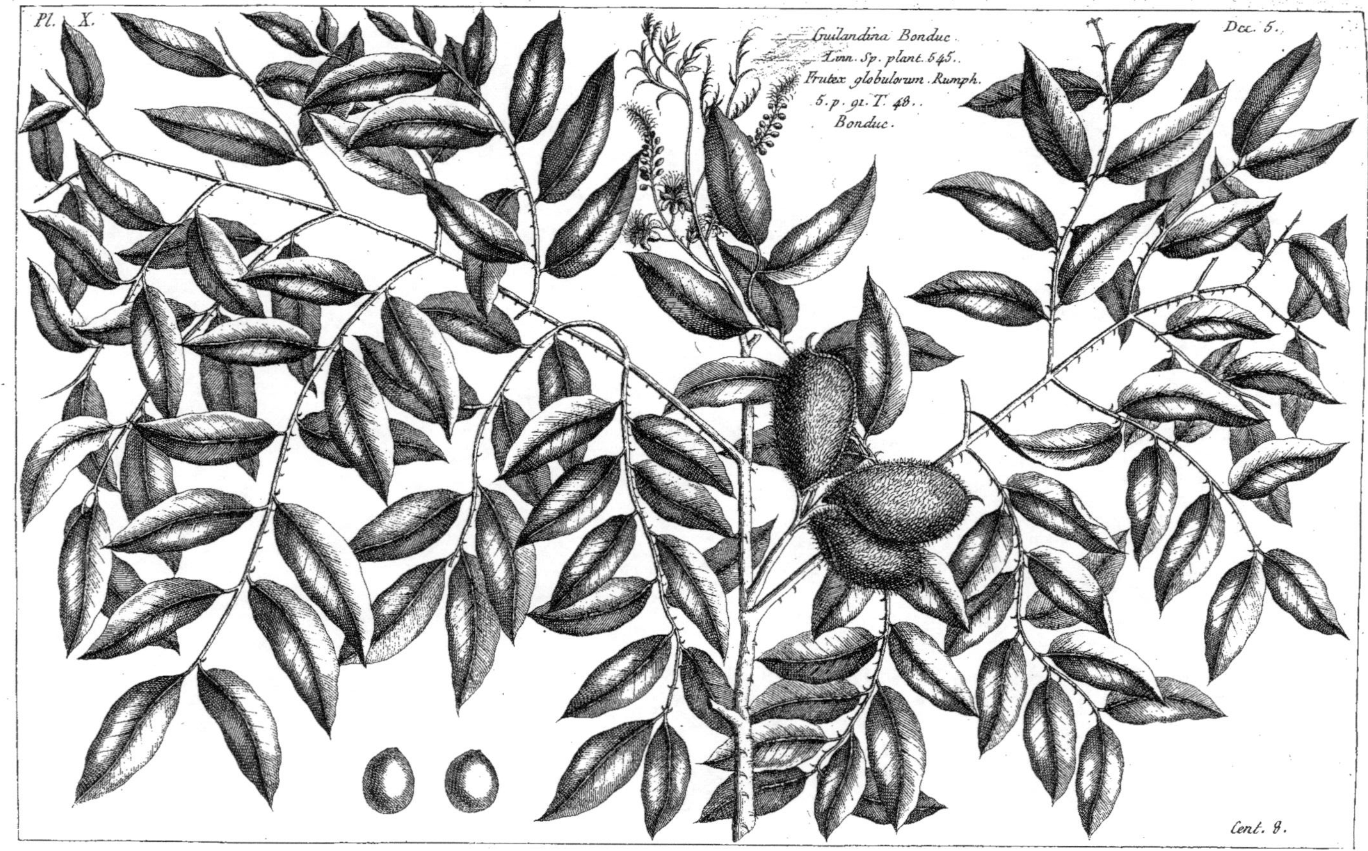

Pl. X.
Dc. 5.
Guilandina Bonduc.
Linn. Sp. plant. 545.
Frutex globulorum. Rumph.
5. p. 91. T. 48.
Bonduc.
Cent. 9.

Arbor Toxicaria
Rumph. 2. p. 268. T. 87.
Ipo.
A

Cent. 8.

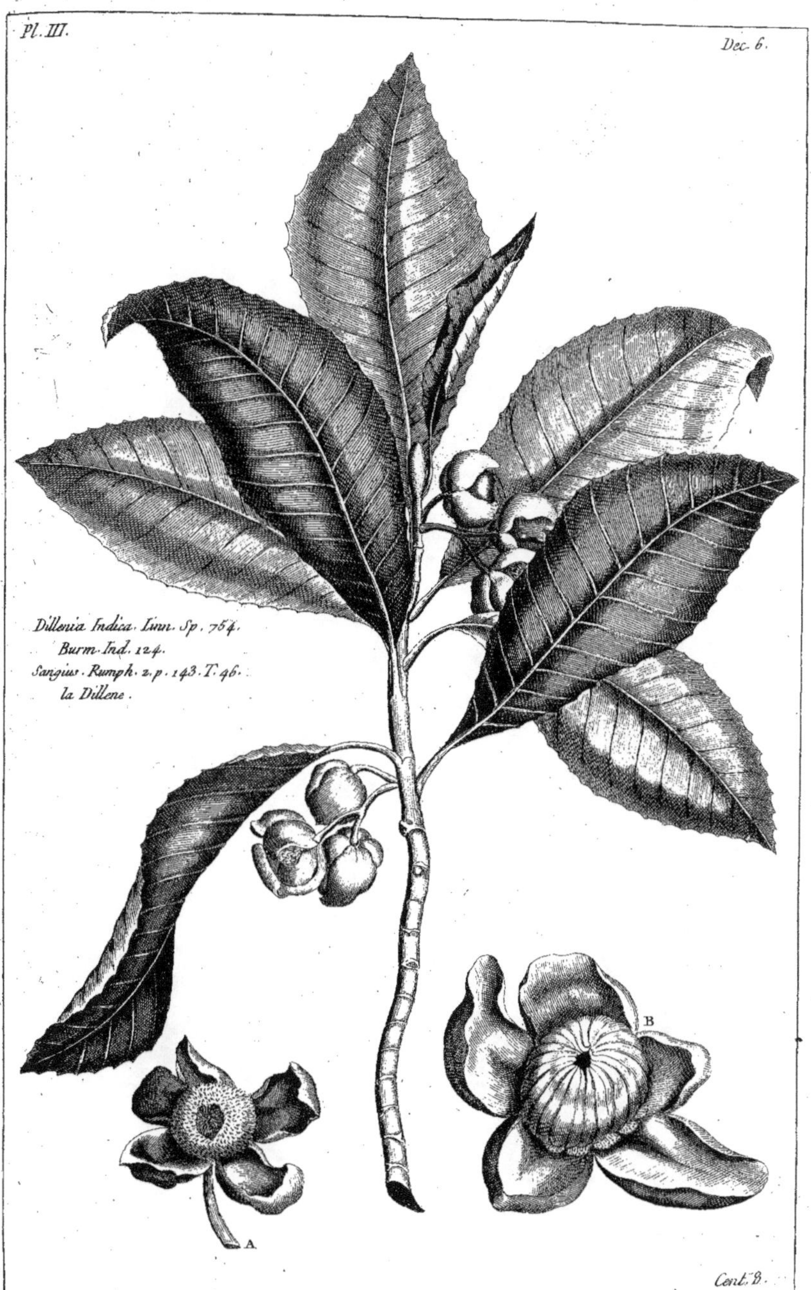

Pl. III.
Dec. 6.
Dillenia Indica. Linn. Sp. 754.
Burm. Ind. 124.
Sangius. Rumph. z. p. 143. T. 46.
la Dillene.
A.
B.
Cent. B.

Pl. IV.
Dec. 6.
Ficus peru Teregam. Hort.
reg. mal. T. 3.
Caprificus viridis Rumph. 3.
p. 153. T. 95.
Figuier de Malabar.
Cent. 8.

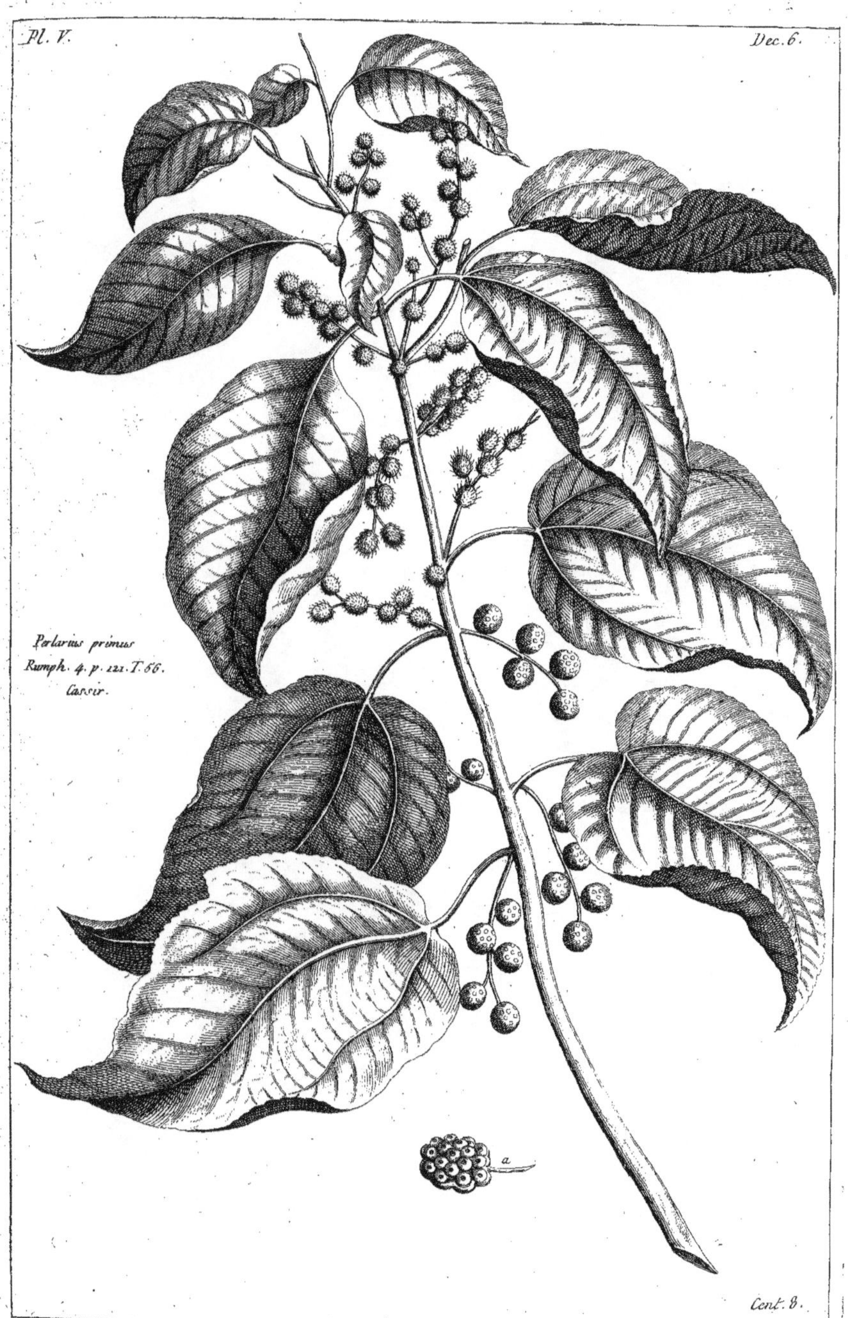
Perlarius primus
Rumph. 4. p. 121. T. 56.
Cassir.
a

A

B

Folium ambulans veterum. Linn.
Cicadaria. Rumph. 3. p. 210. T. 135.
Ay Lapy.

Dillenia Indica. Linn. Sp. 754.
Burm. Ind. 126.
Songium. rumph. 2. p. 141. T. 45.
la Dillene des Indes.

Eugenia Linn.
Butonica Rumph 3.
p. 18. T. 114.
Hutium.
A
A
Cent. 8.

Mimosa. Linn.
Lignum murinum. Rumph.
3. p. 52. T. 28.
Ticos.

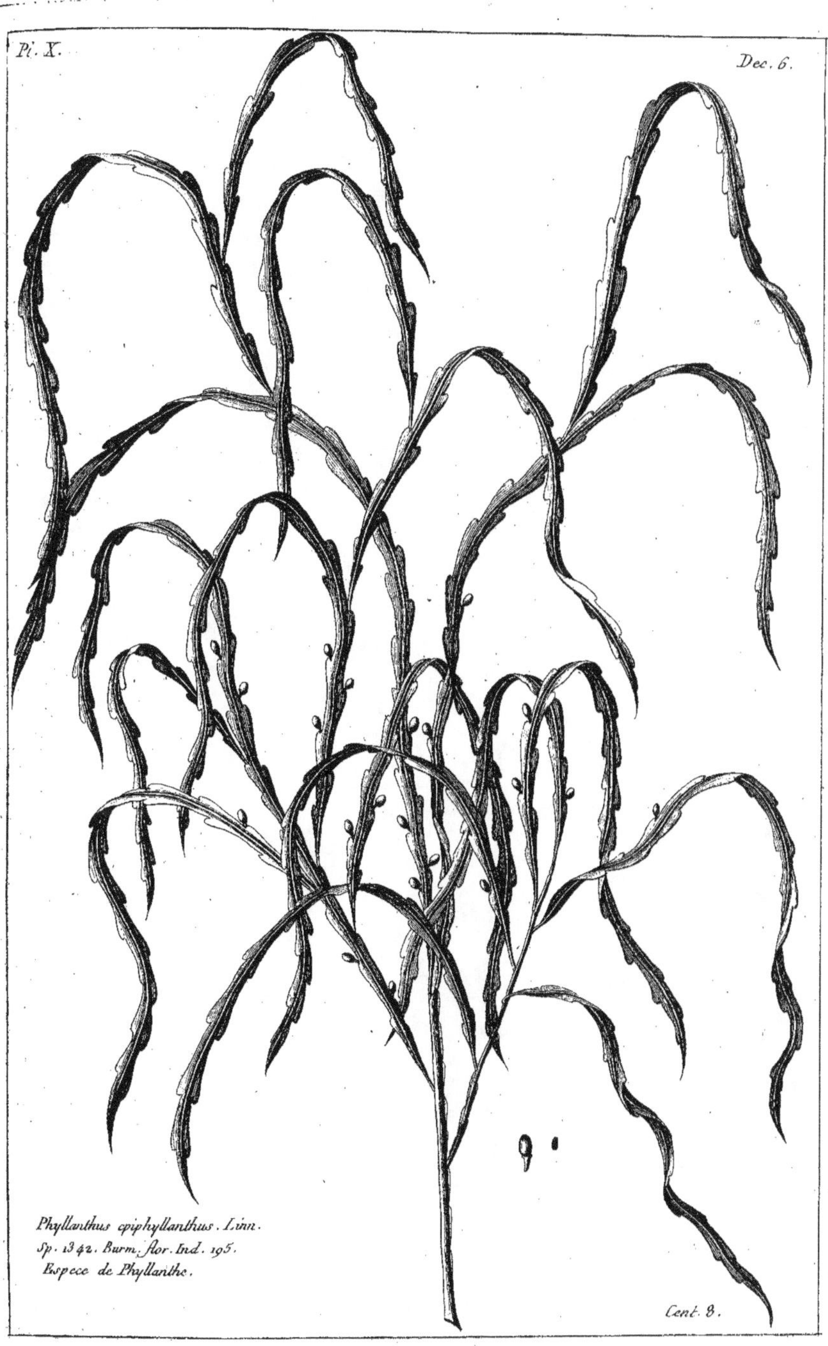

Phyllanthus epiphyllanthus. Linn.
Sp. 1342. Burm. flor. Ind. 195.
Espece de Phyllanthe.

Dabanus mas. Rumph. 5.
p. 33. T. 17.
Daban masle.

A

Cent: B.

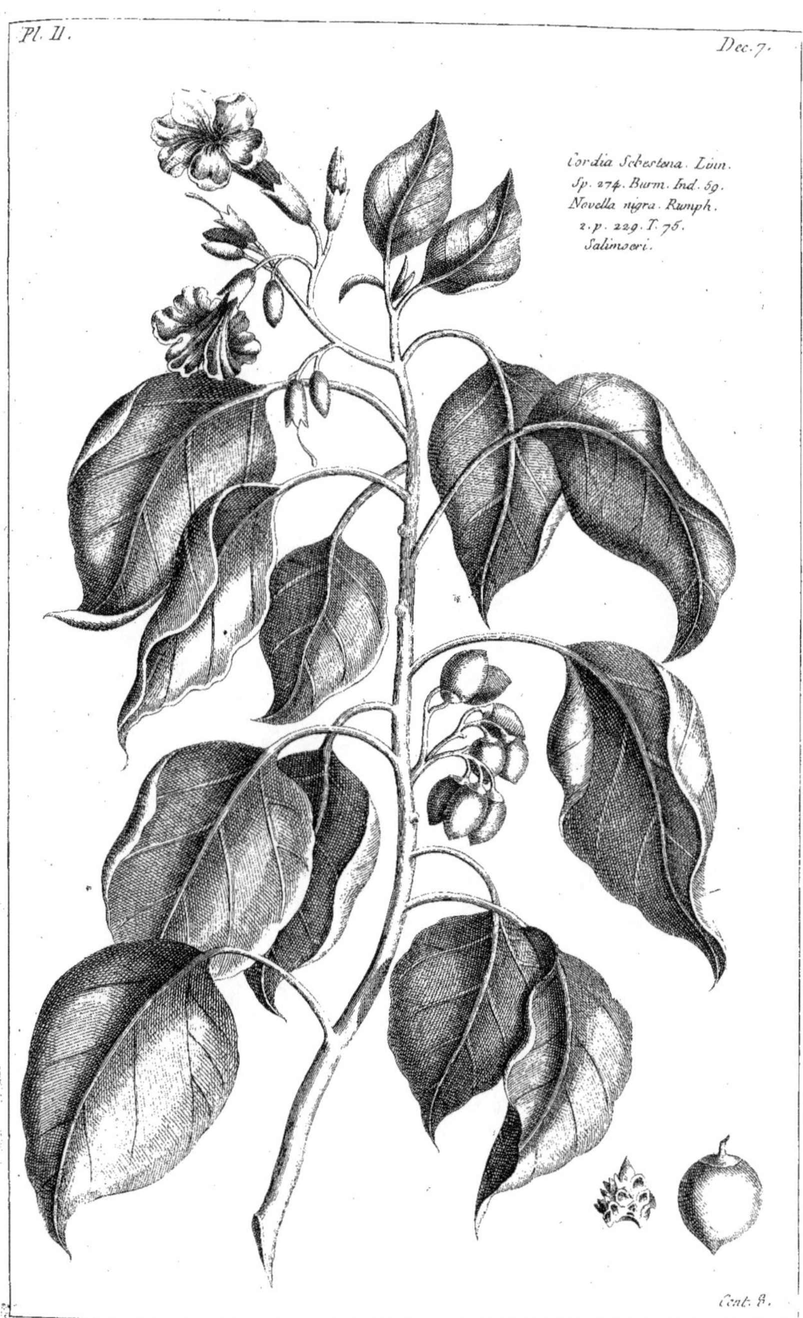

Pl. II.
Dec. 7.
Cordia Sebestena. Linn.
Sp. 274. Burm. Ind. 59.
Novella nigra. Rumph.
2. p. 229. T. 75.
Salimuri.
Cent. 8.

Pl. III.
Dec. 7.
Ocymum frutescens. Linn. Sp.
832. Burm. Ind. 129.
Majana rubra. Rumph. 5.
p. 292. T. 101.
Basilic rouge en Arbre.
Cent. 8.

Lignum momentaneum. Rumph. 3.
p. 165. T. 103.
Caju Begamalla.
Bois momentané.

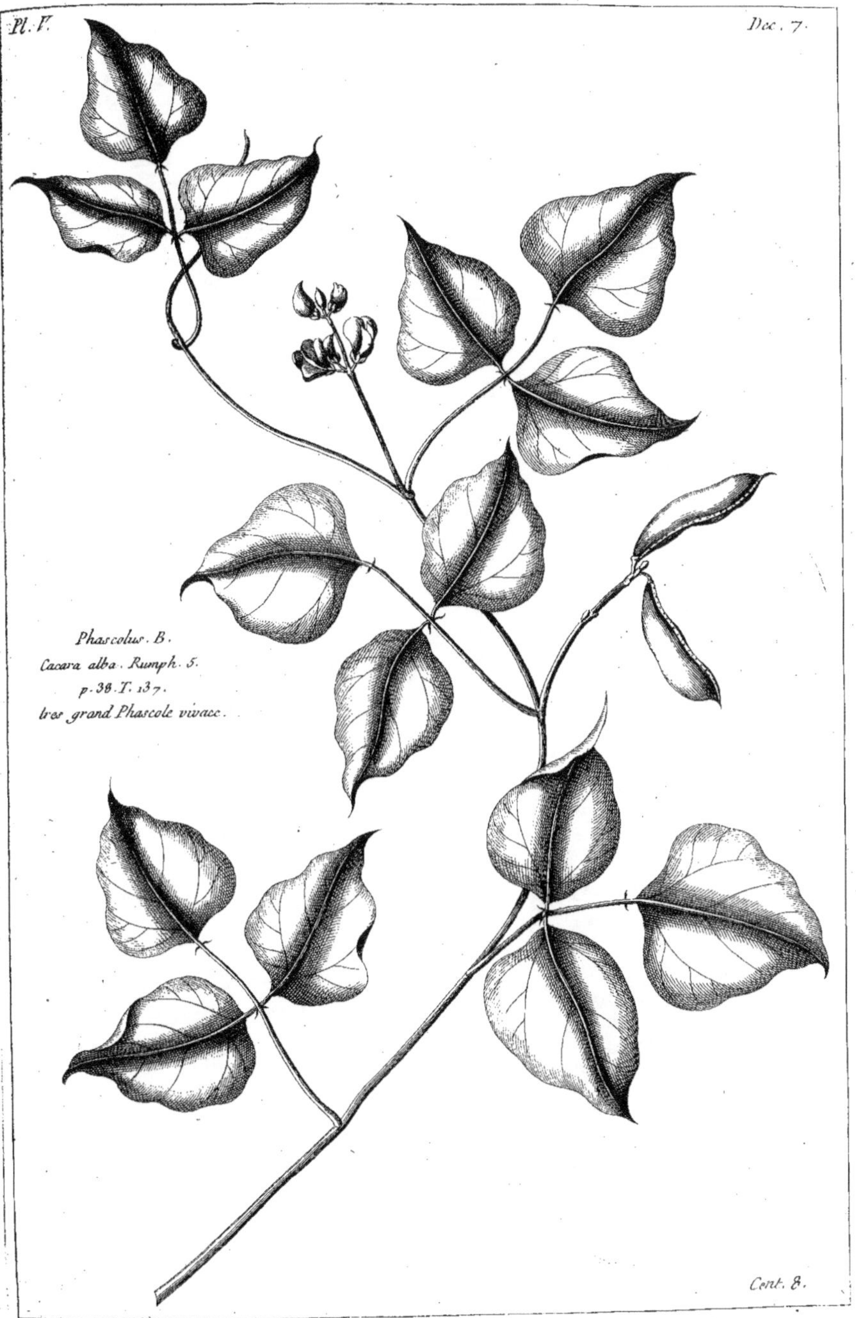
Phaseolus. B.
Cacara alba. Rumph. 5.
p. 38. T. 137.
tres grand Phaseole vivace.

Pl. VI.
Dec. 7.
Tuba radicum alba.
Rumph. 5. p. 38. T. 33.
trompette Blanche des racines
Cent. 8.

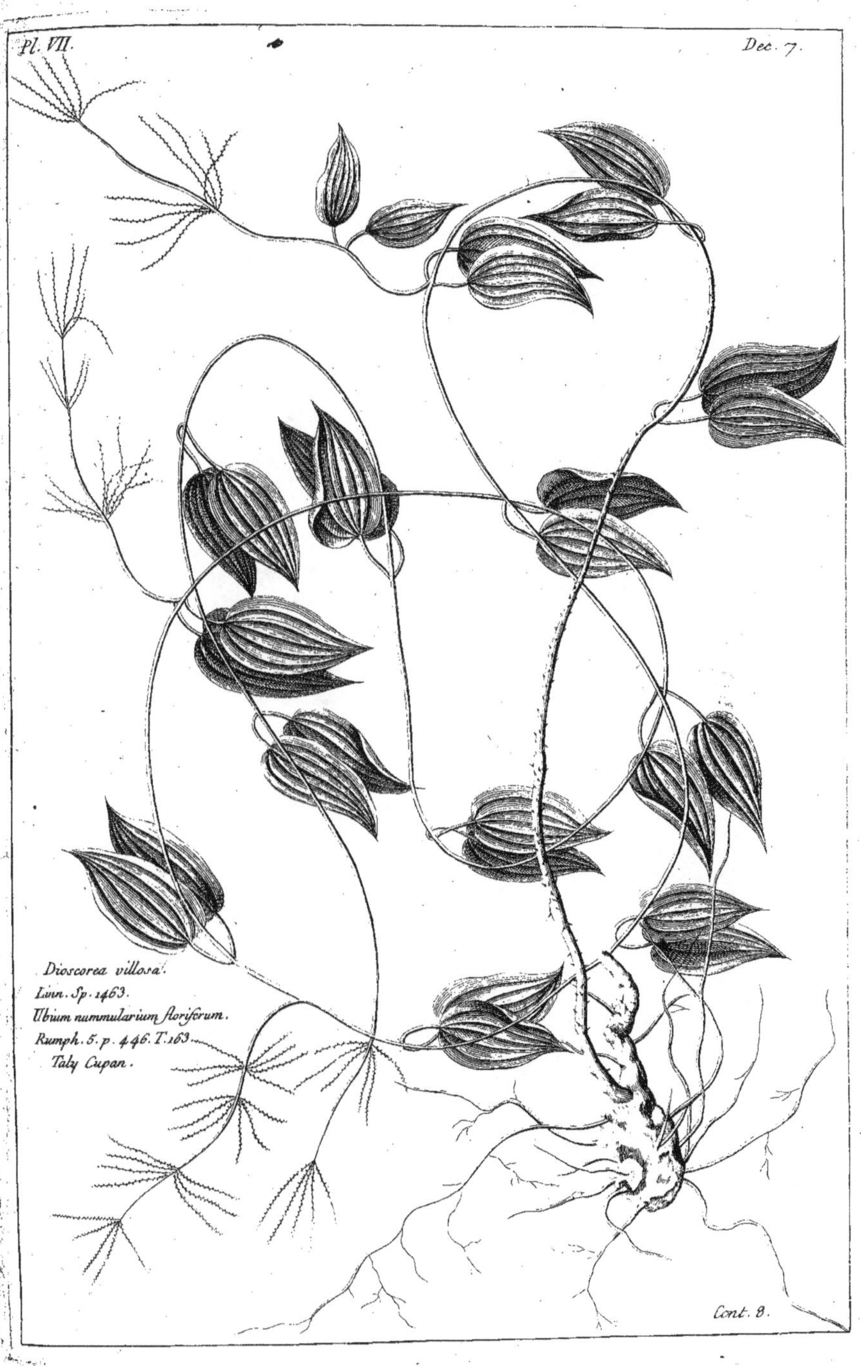

Pl. VII.
Dec. 7.
Dioscorea villosa.
Linn. Sp. 1463.
Ubium nummularium floriferum.
Rumph. 5. p. 446. T. 163.
Taly Cupan.
Cont. 8.

A
b   b
Draconlium Spinosum. Linn.
Sp. 1372. Burm. 193.
Tacca littorea. Rumph. 5.
p 329. T. 114.
Arum epineux.

Tom. 8.

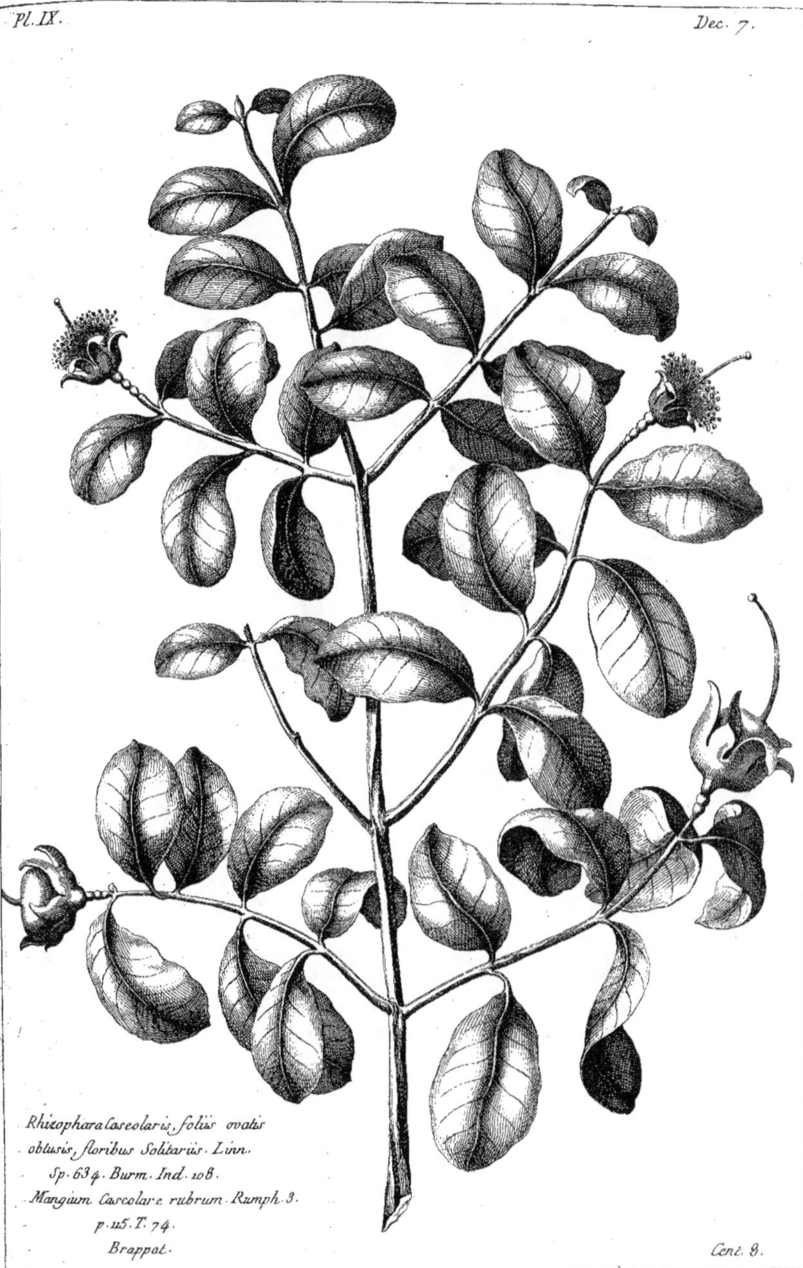

Rhizophara Caseolaris, foliis ovatis
obtusis, floribus Solitariis. Linn.
Sp. 634. Burm. Ind. 108.
Mangium Cascolare rubrum. Rumph. 3.
p. 115. T. 74.
Brappat.

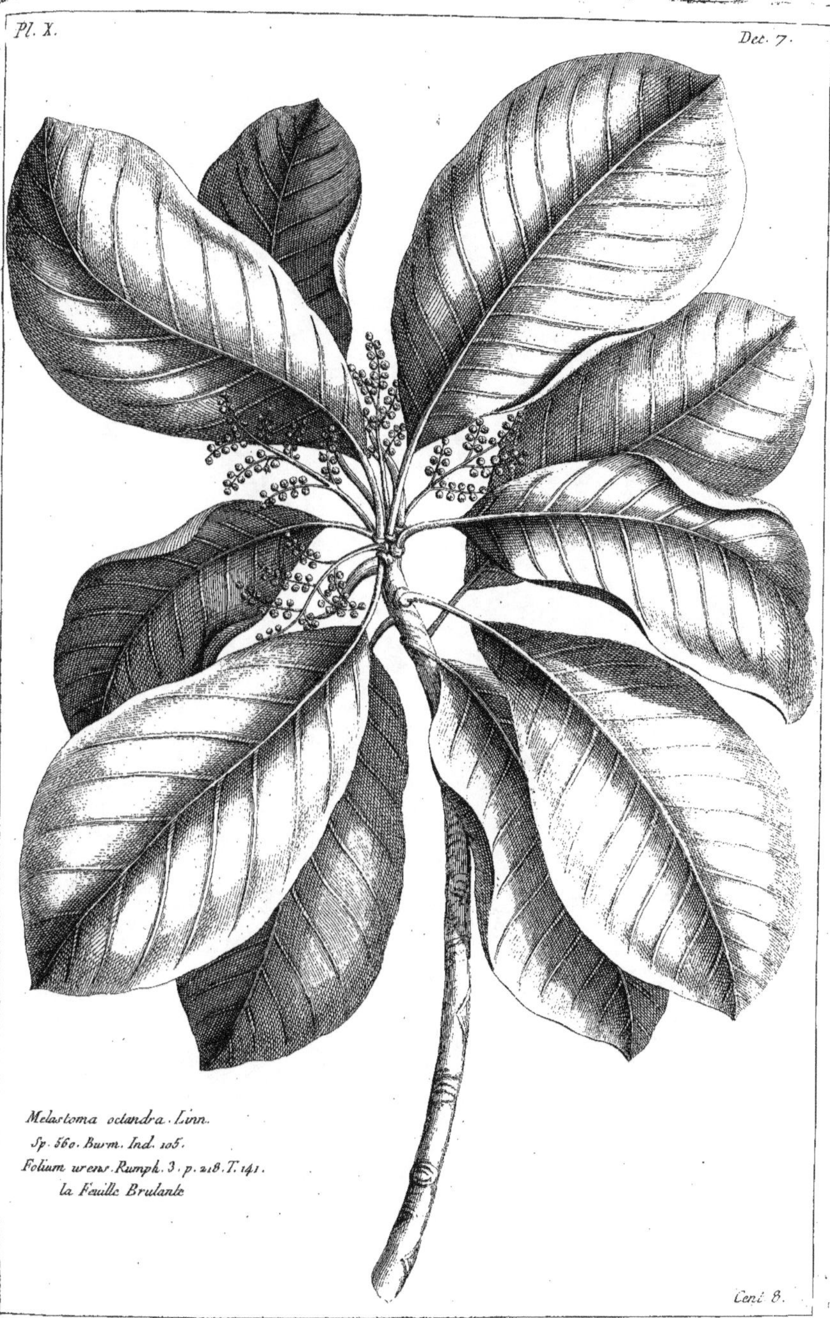

Pl. X.
Dec. 7.
Melastoma octandra. Linn.
Sp. 560. Burm. Ind. 105.
Folium urens. Rumph. 3. p. 218. T. 141.
la Feuille Brulante
Cent. 8.

Cent. 8.
Fessard, Sculp.

Pl. II.
Decad. 8.
Arbor Americana foliis androsæmi
majoris, H. R. P.
Arbre d'Amerique à feuilles de
grand Androsæmum.
Cent. 8.
Fessard, Sculp.

Pl. III.
Dec. 8.
An Lycopodium Plumosum. Linn.
Sp. ? Burm. Ind. 238.
Fig. 1. Muscus fruticescens fœmina.
Rumph. 6. p. 87. T. 39.
Mousse en arbre.
Fig. 2. Muscus fruticescens mas. Rumph. Ibid.
Fig. 2.
Fig. 1.
Cent. 8.

Pl. IV.
Dec. 8.
Umbellata. Linn.
Anisum moluccanum. Rumph.
2. p. 133. T. 42.
Anis des moluques.
Cent. 8.

Colocinthus Cucumis. Linn.
Sp. 1485.
Petola Sylvestris. Rumph.
5. p. 410. T. 150.
Coloquinte.

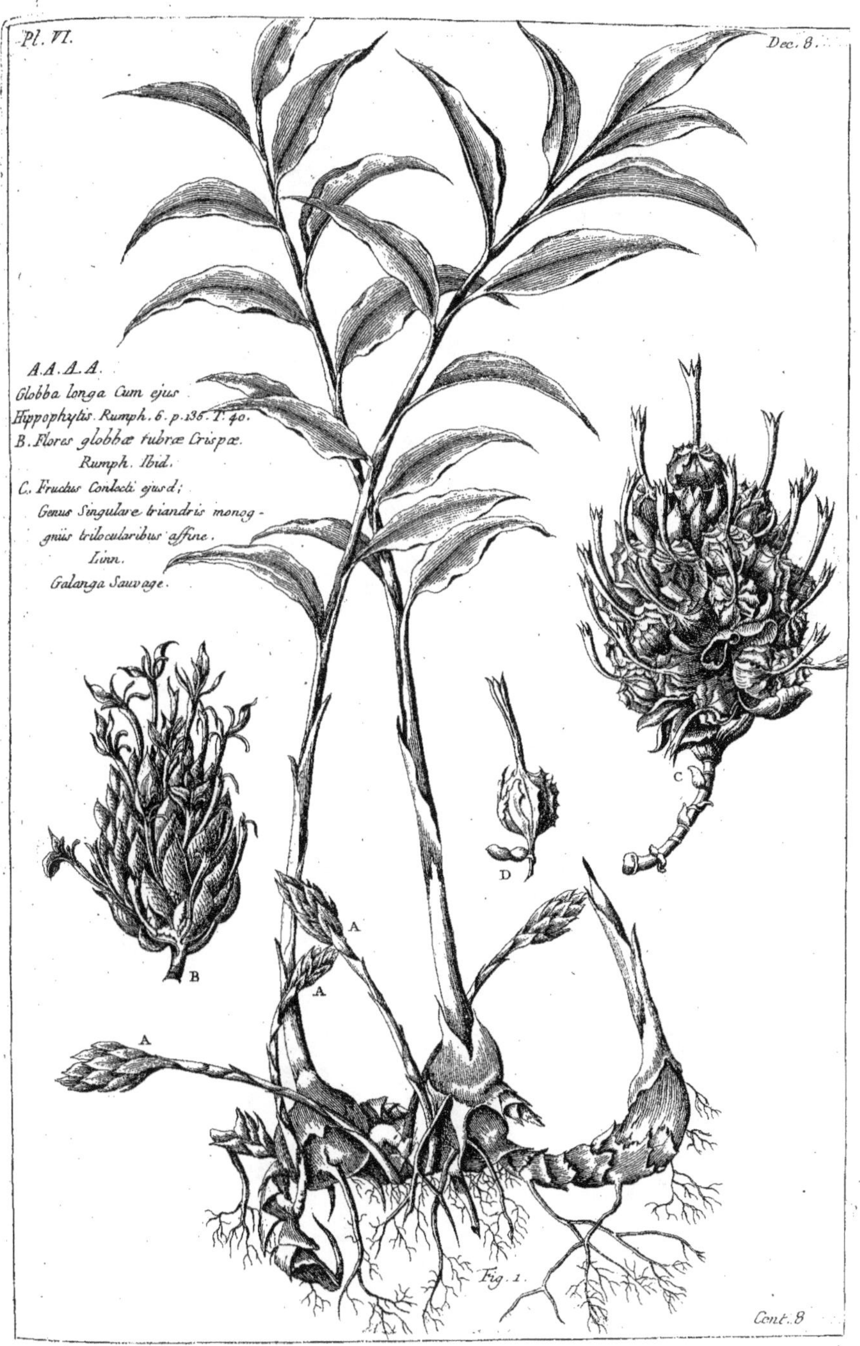

A. A. A. A.
Globba longa Cum ejus
Hippophytis. Rumph. 6. p. 135. T. 40.
B. Flores globbæ tubræ Crispæ.
Rumph. Ibid.
C. Fructus Confecti ejusd;
Genus Singulare triandris monog-
gniis trilocularibus affine.
Linn.
Galanga Sauvage.
B
A
A
A
D
C
Fig. 1.

Fig. 1. Lycopodium phlegmaria. Linn.
Sp. 1564. Burm. Ind. 237.
Equisetum arboreum. Rumph. 6.
p. 92. T. 41.
Queue de Cheval en arbre.
Fig. 2. Folium petolatum Mas.
Rumph. ibid.
Fig. 3. Folium petolatum fœmina.
Rumph ibid.
Daun Petola.

Pl. VIII
Dec. 8.
Fig. 1. Saccharum officinarum.
Linn. Sp. 79. Burm. Ind. 16.
Arundo Saccharifera vera.
Rumph. p. 191. T. 74.
Canne a Sucre.
Fig. 2. Arundo Saccharifera rotang.
Rumph. ibid.
Tabu rottang.
Fig. 1.
Fig. 2.
Cent. 8.

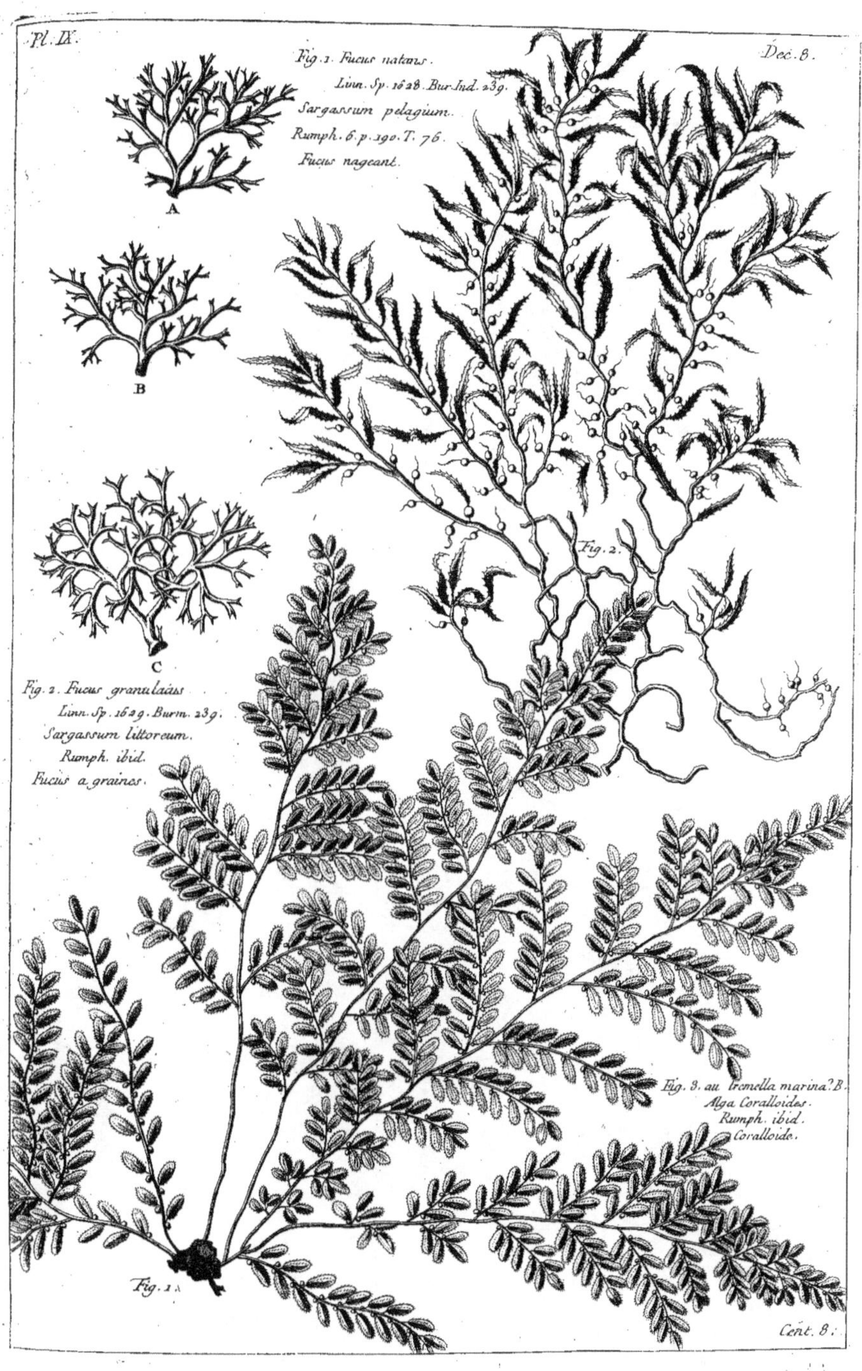

Pl. IX.
Dec. 8.
Fig. 1. Fucus natans.
Linn. Sp. 1628. Bur. Ind. 239.
Sargassum pelagium.
Rumph. 6. p. 190. T. 76.
Fucus nageant.
A
B
C
Fig. 2. Fucus granulatus.
Linn. Sp. 1629. Burm. 239.
Sargassum littoreum.
Rumph. ibid.
Fucus a graines.
Fig. 2.
Fig. 3. au tremella marina? B.
Alga Coralloides.
Rumph. ibid.
Coralloide.
Fig. 1
Cent. 8.

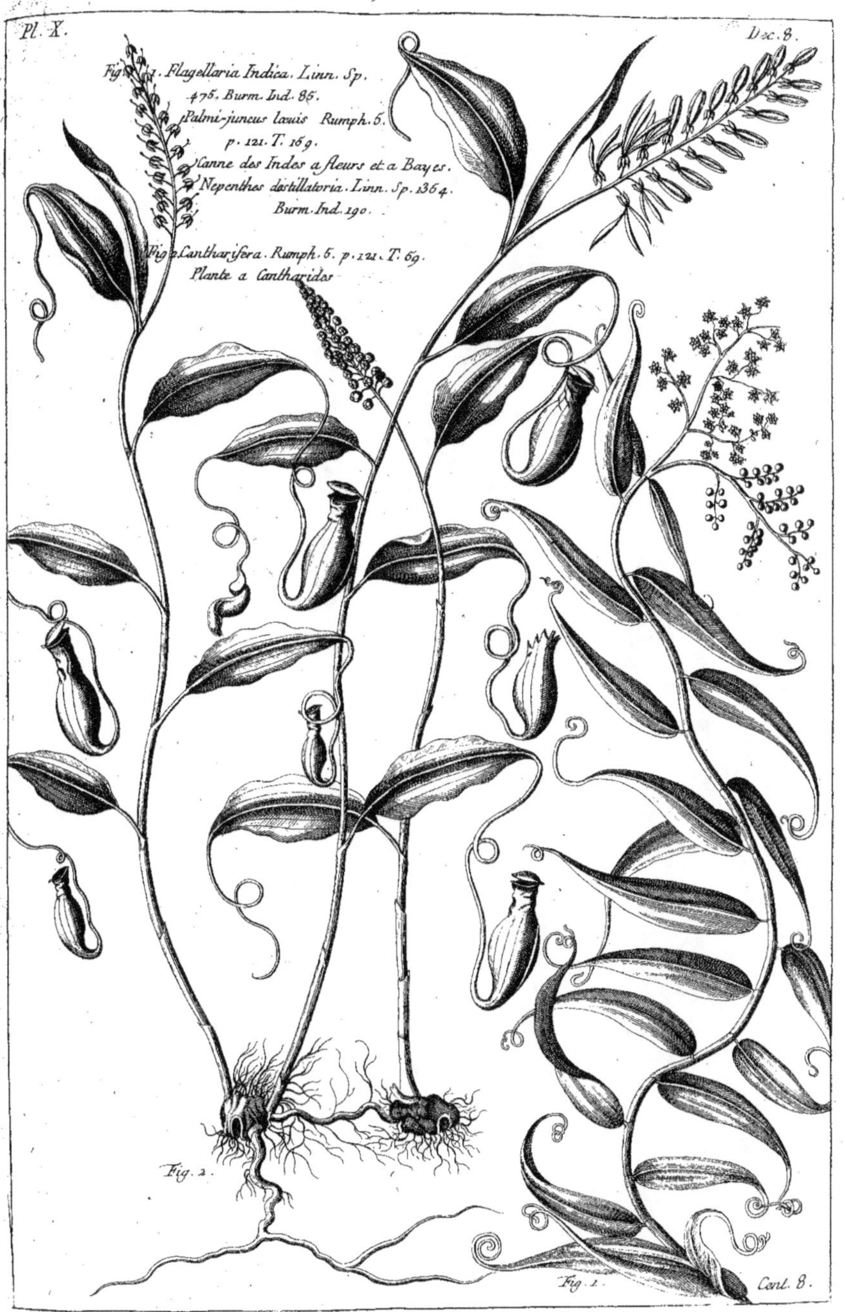

Pl. X.
Dec. 8.
Fig. 1. Flagellaria Indica. Linn. Sp.
475. Burm. Ind. 85.
Palmi-juncus lœvis Rumph. 5.
p. 121. T. 169.
Canne des Indes a fleurs et a Bayes.
Nepenthes distillatoria. Linn. Sp. 1364.
Burm. Ind. 190.
Fig. 2. Cantharifera. Rumph. 5. p. 121. T. 69.
Plante a Cantharides
Fig. 2.
Fig. 1.
Cent. 8.

Pl. I.
Dec. 9.
Cacopit.
B
A
Fig. 2.
Fig. 1. Angræcum Terrestre
Primum. Rumph. 6. p. 113. T. 52.
Angrec Terrestre.
Fig. 2. Orchis. Linn. Flos
triplicatus. Rumph. Ibid.
Espece d'Orchide.
Fig. 1.
Cent. 8.

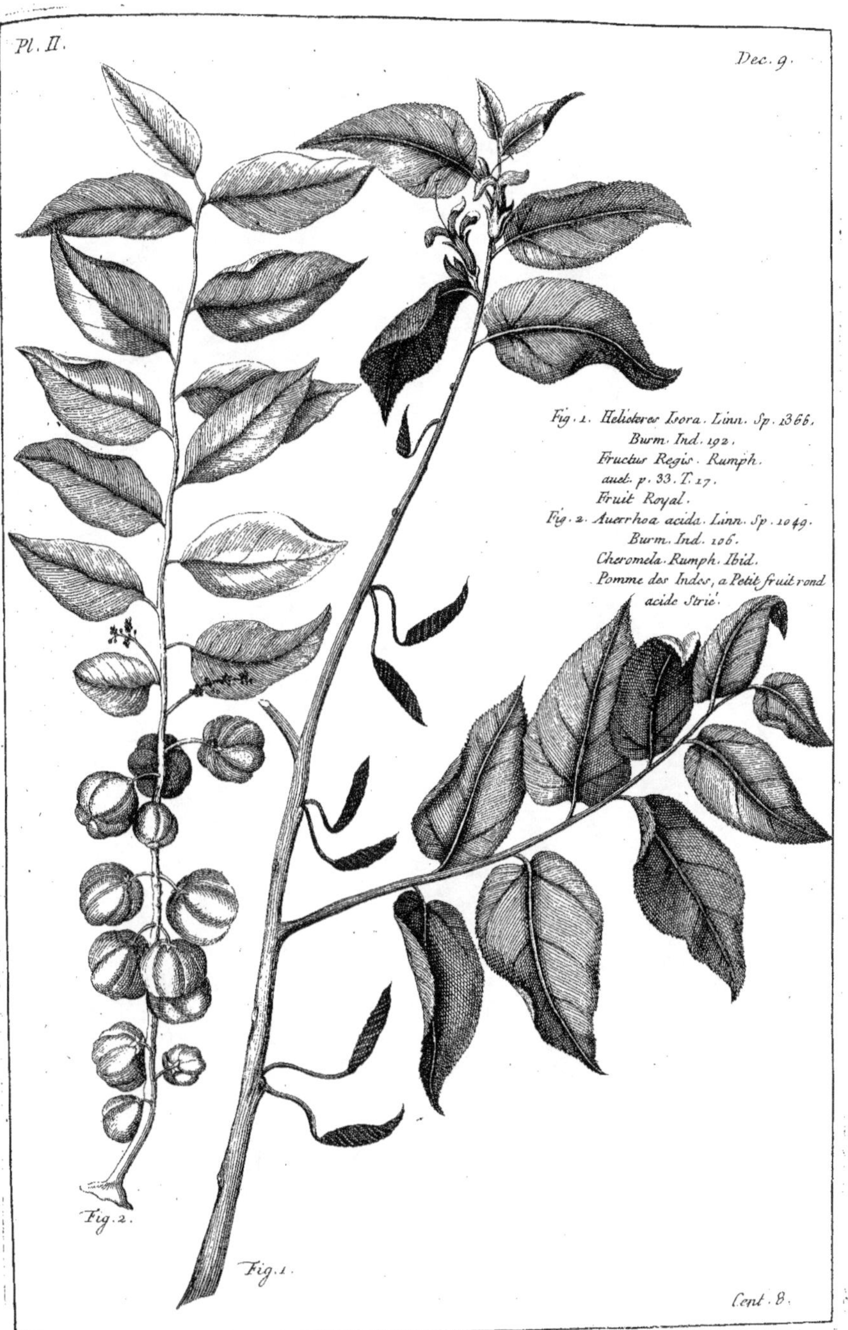

Pl. II.
Dec. 9.

Fig. 1. Helicteres Isora. Linn. Sp. 1366.
Burm. Ind. 192.
Fructus Regis. Rumph.
auct. p. 33. T. 17.
Fruit Royal.
Fig. 2. Averrhoa acida. Linn. Sp. 1049.
Burm. Ind. 106.
Cheromela. Rumph. Ibid.
Pomme des Indes, a Petit fruit rond
acide Strié.

Fig. 2.
Fig. 1.
Cent. 8.

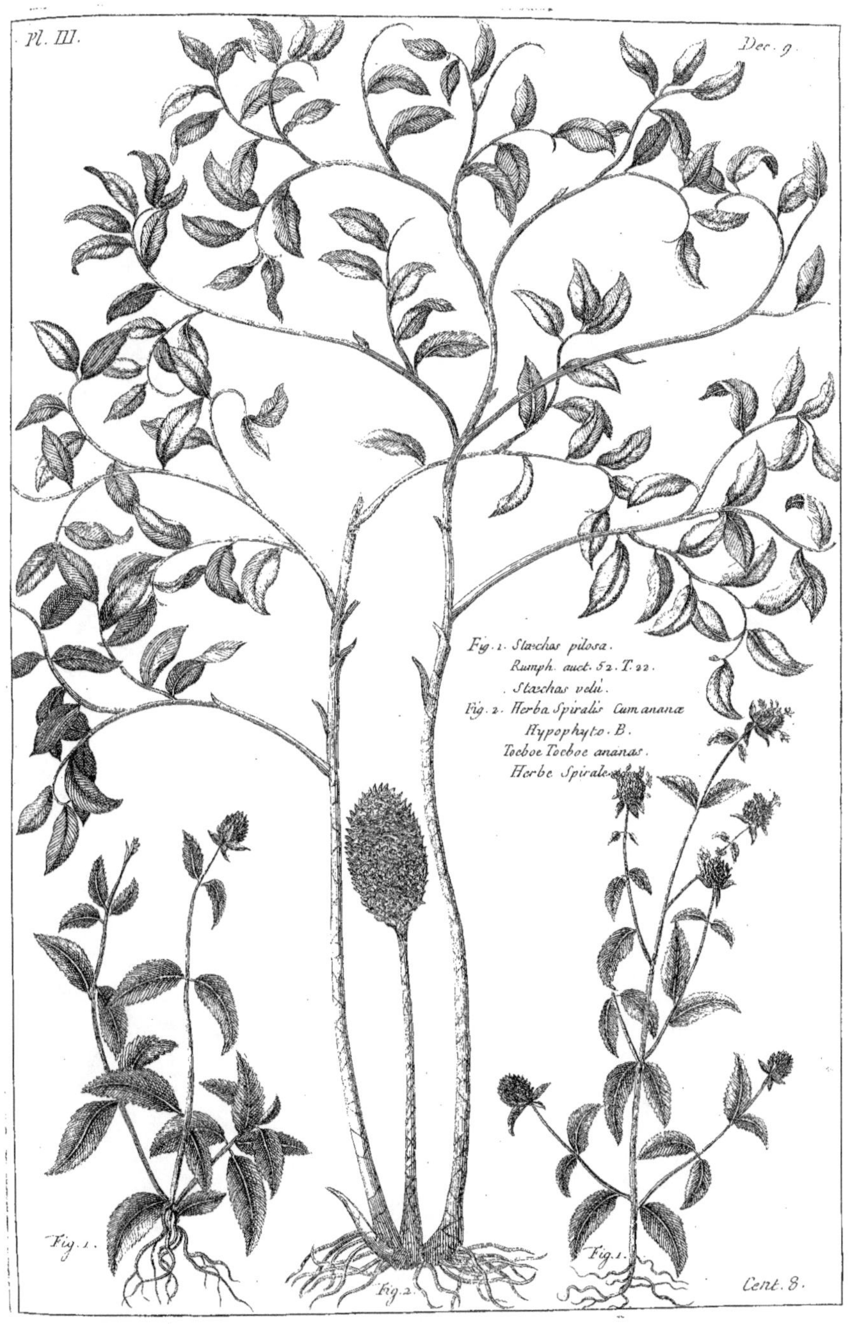

Pl. III.
Dec. 9.
Fig. 1. Stæchas pilosa.
Rumph. auct. 52. T. 22.
Stæchas velu.
Fig. 2. Herba Spiralis Cumananæ
Hypophyto. B.
Toeboe Toeboe ananas.
Herbe Spirale.
Fig. 1.
Fig. 2.
Fig. 1.
Cent. 8.

Pl. IV.
Dec. 9.
Atragene Alpina. Linn.
Sp. plant. 768.
Clematis Cruciata Alpina.
pond. Bald. 335.
Clematite des Alpes.
Cent. 9.
Arolle de St Suire pinx.
Vangelesti Sculp.

Pl. V.
Dec. 9.
Fig. 1. Pothos. Linn.
Adpendix porcellanica.
Rumph. 5. p. 886. T. 182
Mou.
Fig. 2. Adpendix erecta
Rumph. Ibid.
Tapanawa Baduri.
Fig. 1.
Fig. 2.
Cent. 8.

b
Ricinus Communis Linn. 638.
Burm. flor. Ind. 109.
Ricinus ruber Rumph. 4.
p. 97. T. 41.
Ricin Commun.
a
Cent. 3.

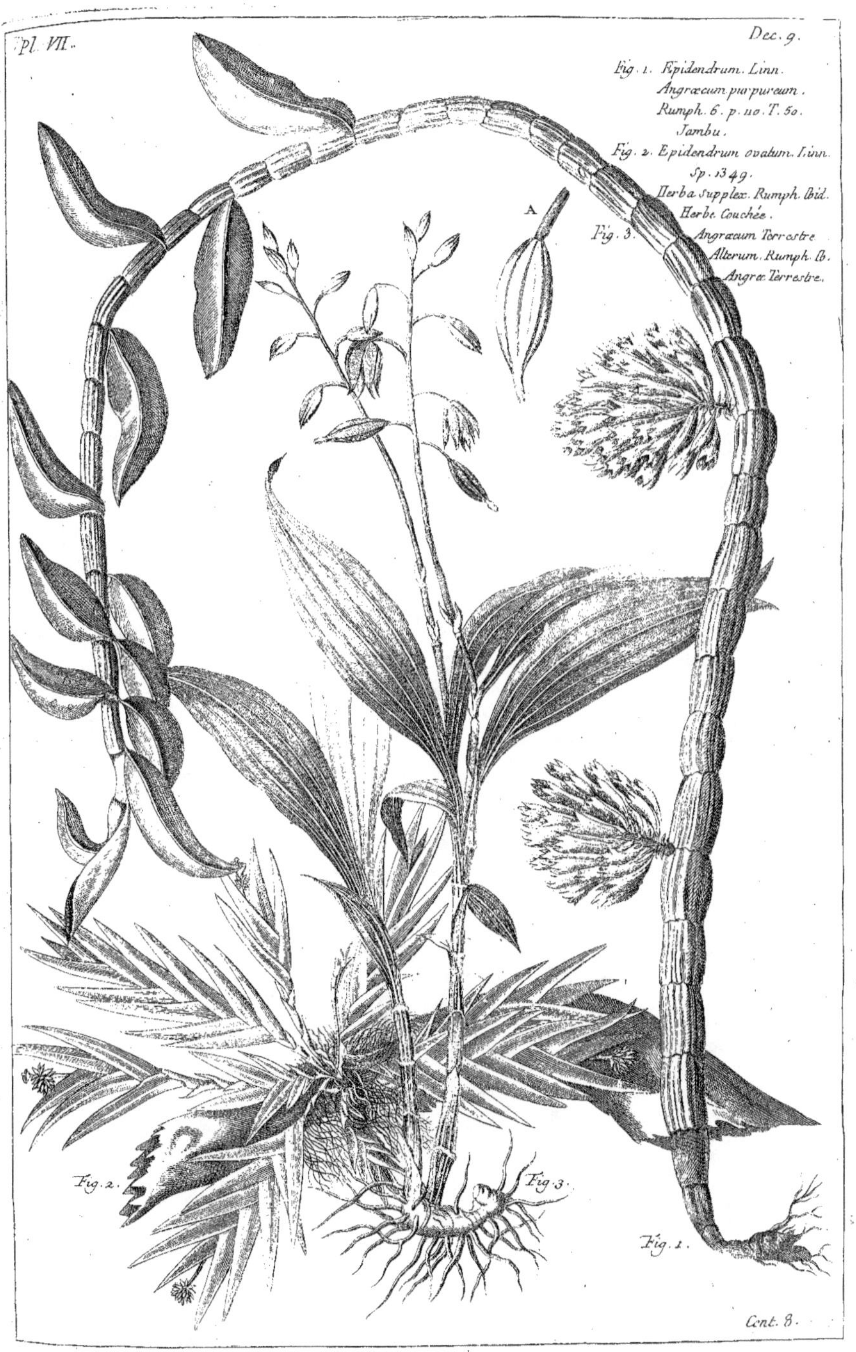

Pl. VII.
Dec. 9.
Fig. 1. Epidendrum. Linn.
Angræcum purpureum.
Rumph. 6. p. 110. T. 50.
Jambu.
Fig. 2. Epidendrum ovatum. Linn.
Sp. 1349.
Herba Supplex. Rumph. Ibid.
Herbe. Couchée.
Fig. 3. Angræcum Terrestre.
Alterum. Rumph. Ib.
Angræ. Terrestre.
A
Fig. 2.
Fig. 3.
Fig. 1.
Cent. 8.

Pl. VIII.
Dec. 9.
Cordia myxa. Linn. Sp. plant.
273. Burm. Ind. 58.
Arbor glutinosa. Rumph. 3.
p. 157. T. 97.
Arbre glutineux.
Cent. 3.

Pl. IX.
Dec. 9.
A
B
Classium.
Rumph. 3. p. 43. T. 23.
Caju lassi.
Cent. 8.

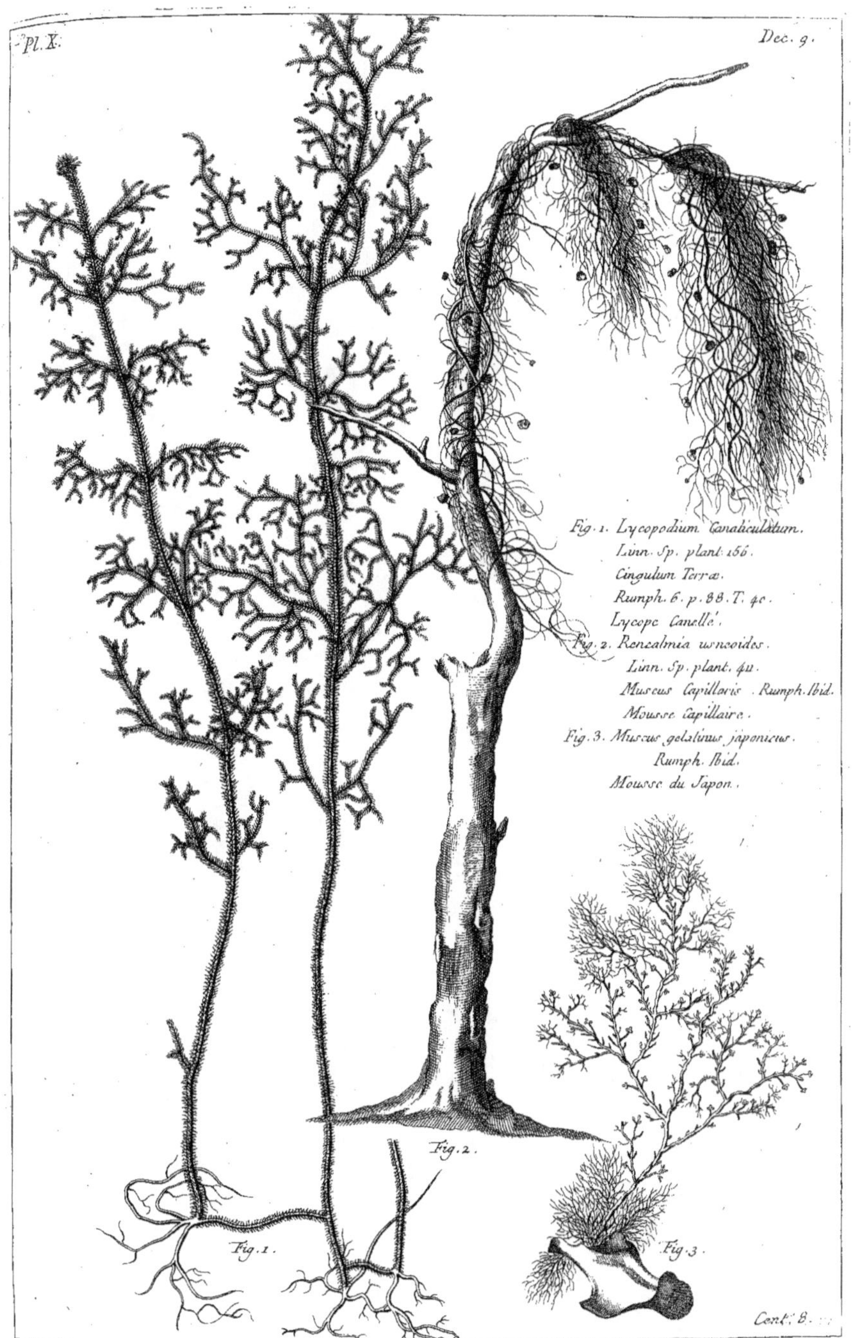

Fig. 1. Lycopodium Canaliculatum.
Linn. Sp. plant. 156.
Cingulum Terræ.
Rumph. 6. p. 88. T. 40.
Lycope Canelle.
Fig. 2. Rencalmia usneoides.
Linn. Sp. plant. 41.
Muscus Capillaris. Rumph. Ibid.
Mousse Capillaire.
Fig. 3. Muscus gelatinus japonicus.
Rumph. Ibid.
Mousse du Japon.
Fig. 2.
Fig. 1.
Fig. 3.
Cont. 8.

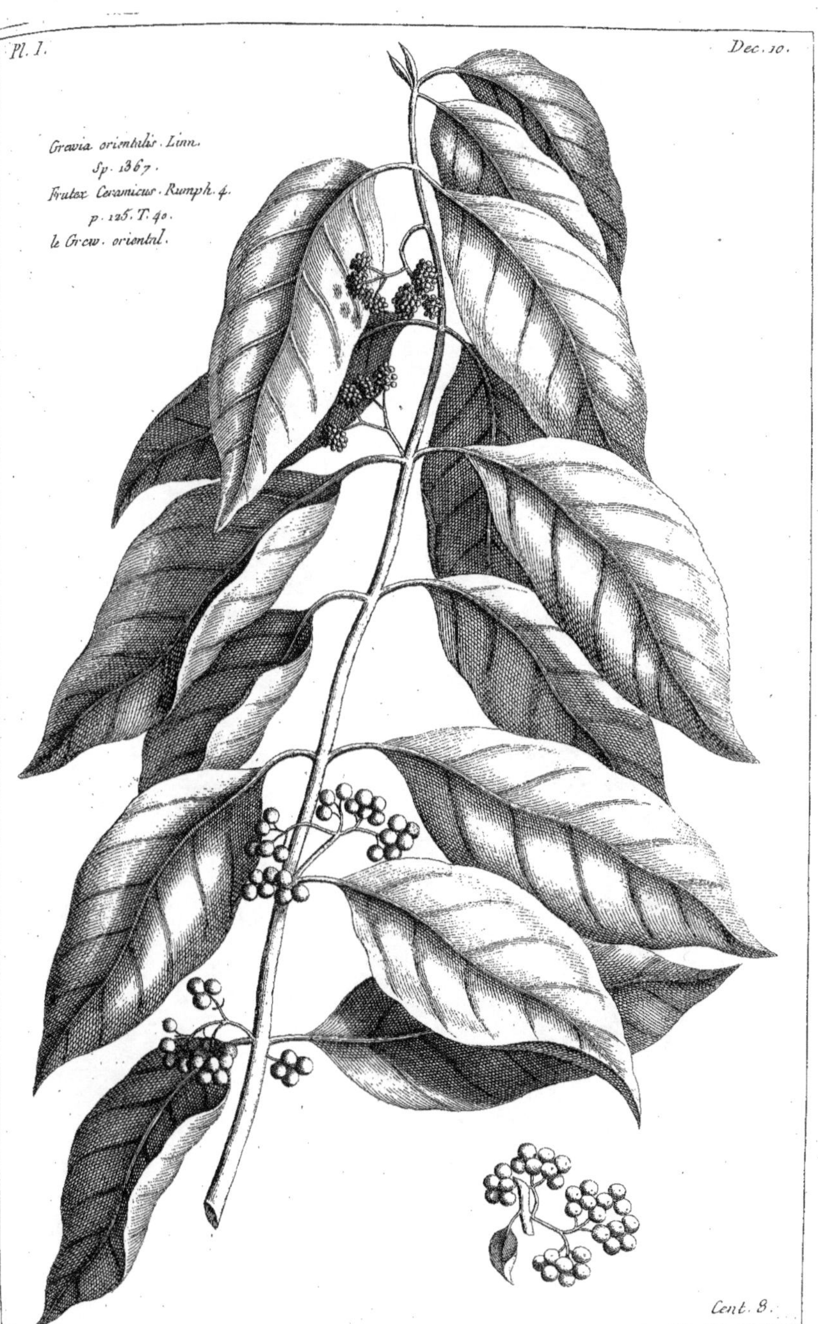

Pl. I.
Dec. 10.
Grewia orientalis. Linn.
Sp. 1367.
Frutex Ceramicus. Rumph. 4.
p. 125. T. 40.
le Grew. oriental.
Cent. 8.

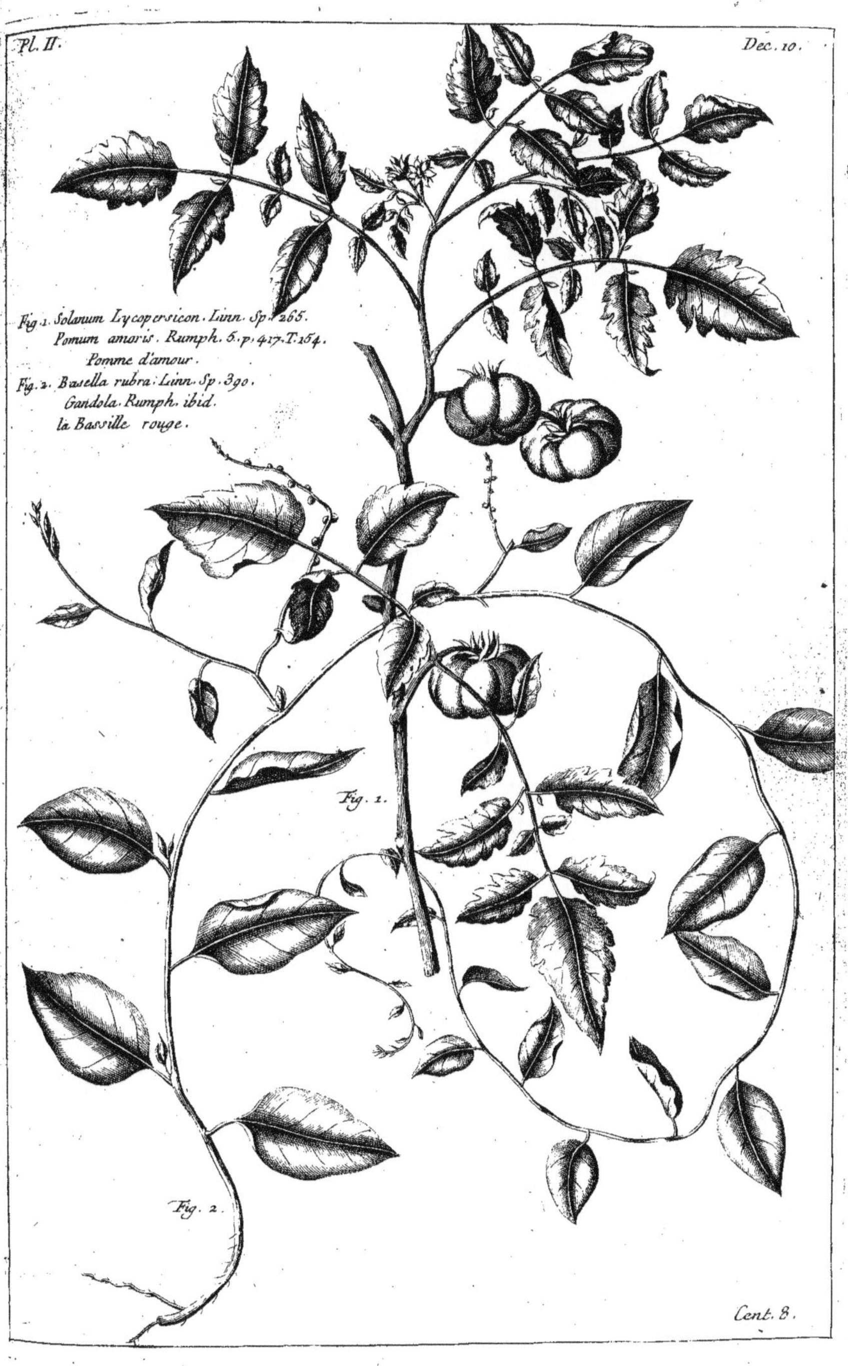

Fig. 1. Solanum Lycopersicon. Linn. Sp. 265.
Pomum amoris. Rumph. 5. p. 417. T. 154.
Pomme d'amour.
Fig. 2. Basella rubra. Linn. Sp. 390.
Gandola. Rumph. ibid.
la Bassille rouge.
Fig. 1.
Fig. 2.

Pandanus Latifolius.
Rumph. 4. p. 147. T. 78.
Pandang a larges feuilles.

Cent. 8.

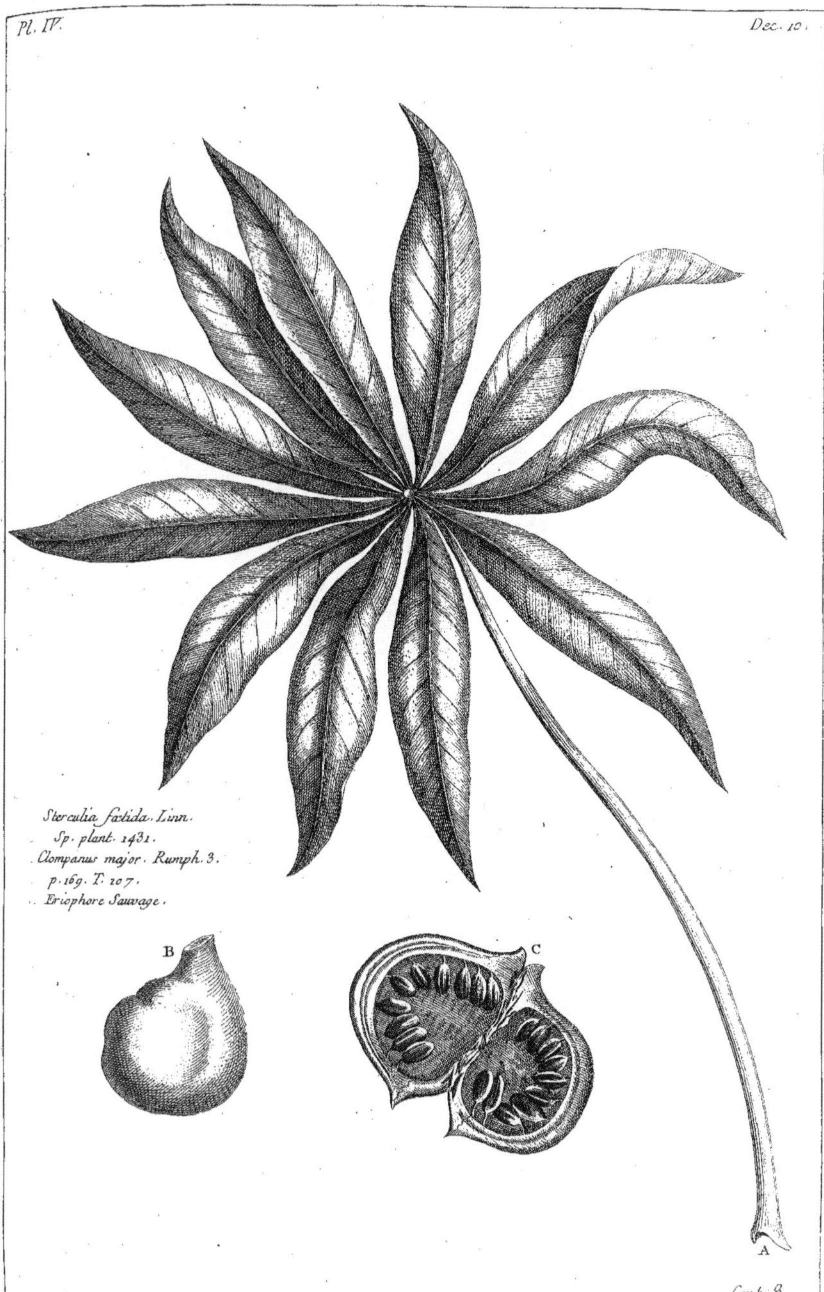
Sterculia fœtida. Linn.
Sp. plant. 1431.
Clompanus major. Rumph. 3.
p. 169. T. 107.
Eriophore Sauvage.
B
C
A

Morinda umbellata. Linn. Sp.
Plant. 250. Burm. Ind. 52.
Bancudus Angustifolia.
Rumph. 3. p. 158. T. 98.
Meneuda

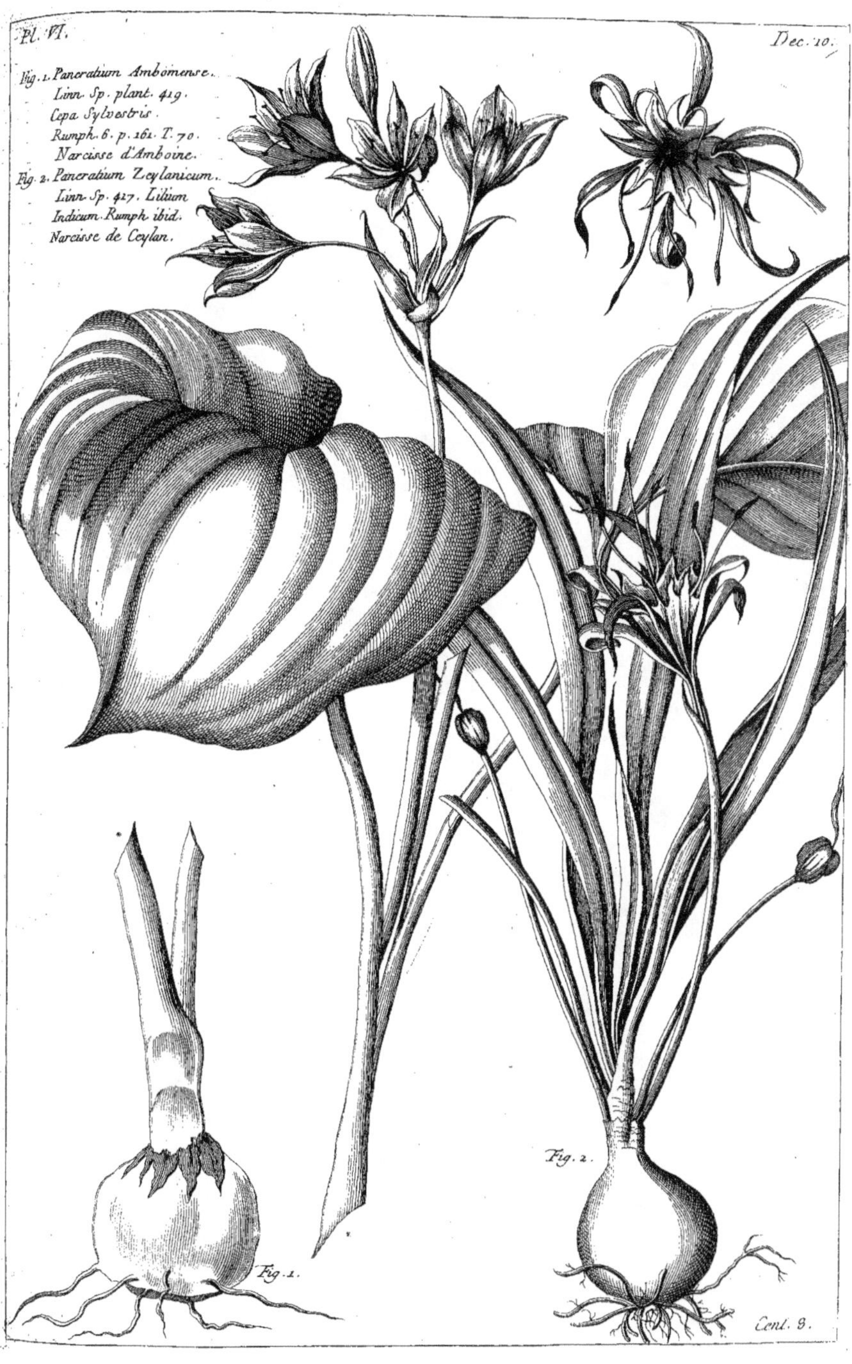

Pl. VI.
Dec. 10.
Fig. 1. Pancratium Ambomense.
Linn. Sp. plant. 419.
Cepa Sylvestris.
Rumph. 6. p. 161. T. 70.
Narcisse d'Amboine.
Fig. 2. Pancratium Zeylanicum.
Linn. Sp. 427. Lilium
Indicum. Rumph. ibid.
Narcisse de Ceylan.
Fig. 1.
Fig. 2.
Cent. 3.

Pandanus funicularis.
Rumph. 4. p. 153. T. 82.
Pandang Tali.

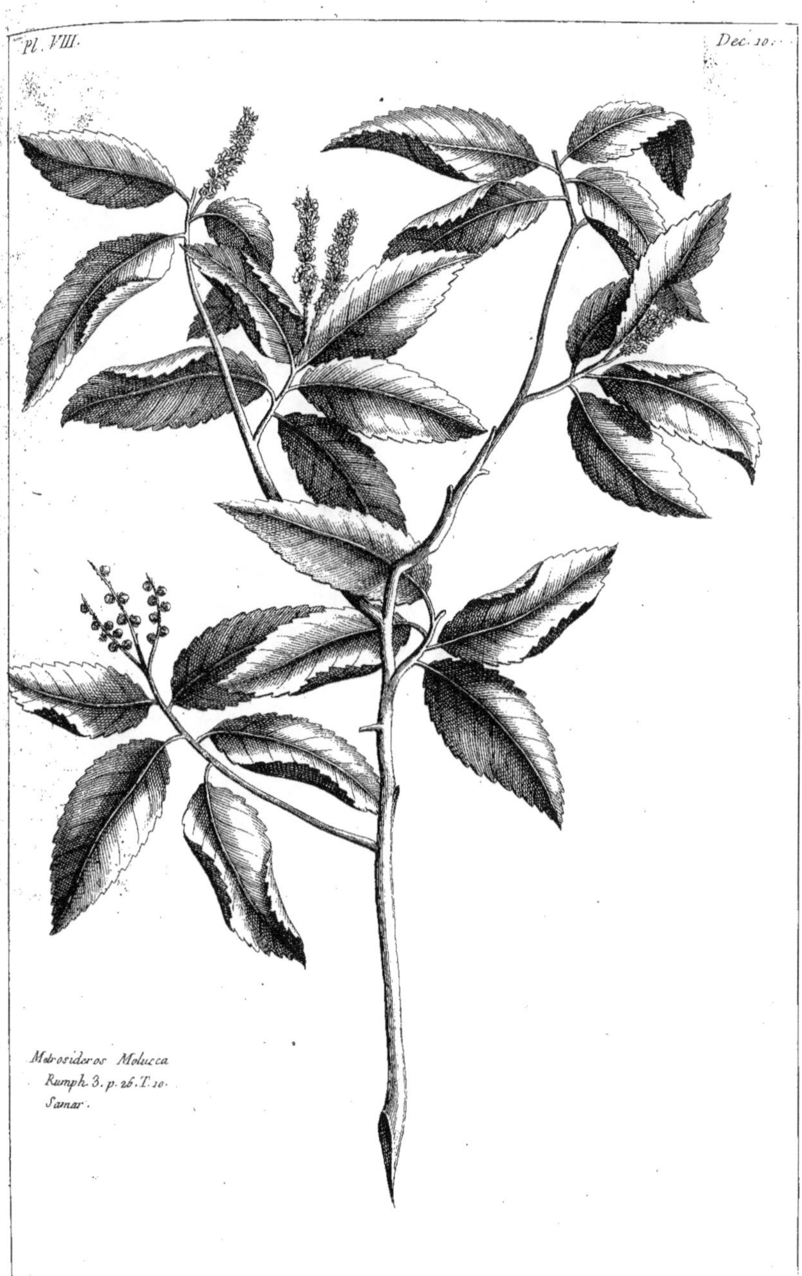

Pl. VIII.
Dec. 10.
Metrosideros Molucca
Rumph. 3. p. 26. T. 10.
Samar.
Cent. 8.

Pl. IX.
Dec. 10.
Contorta. Linn.
Fig. 1. Sursuela esculenta mas.
Rumph. 6. 468. T. 173.
Fig. 2. Sursuela esculenta
Terrestris minor
fœmina. Rumph.
ibid.
Sajor Maccou.
A
A
B
Fig. 1.
Fig. 2.
Cont. 8.

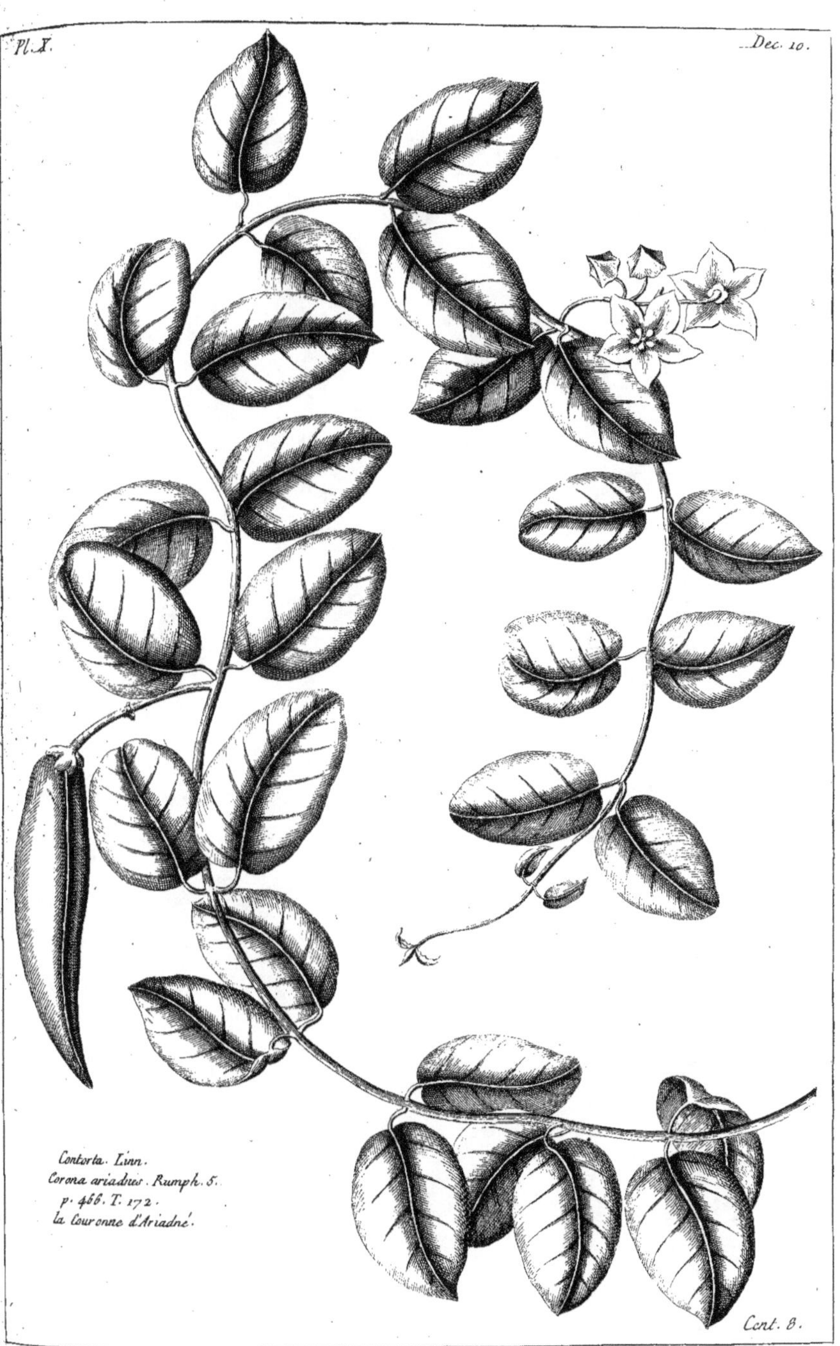

Contorta. Linn.
Corona ariadnes. Rumph. 5.
p. 466. T. 172.
la Couronne d'Ariadné.

Cent. 8.

HISTOIRE

UNIVERSELLE

DU RÈGNE VÉGÉTAL.

HISTOIRE

UNIVERSELLE
DU RÈGNE VÉGÉTAL,

OU

NOUVEAU DICTIONNAIRE

PHYSIQUE ET ÉCONOMIQUE

DE TOUTES LES PLANTES QUI CROISSENT SUR LA SURFACE DU GLOBE:

CONTENANT leurs noms Botaniques & Triviaux dans toutes les Langues, leurs claffes, leurs Familles, leurs Genres & leurs Éfpèces ; les endroits où on les trouve le plus communément ; leur culture ; les animaux auxquels elles peuvent fervir de nourriture; leurs analyfes chymiques; la manière de les employer pour nos alimens, tant folides que liquides; leurs propriétés, non-feulement pour la Médecine des hommes, mais encore pour celle des animaux ; les dofes & la manière de les formuler, & les différens ufages pour lefquels on peut s'en fervir dans les Arts & Métiers, &c. &c. &c.

ON y a joint une Bibliothèque raifonnée de tous les livres de Botanique, l'explication des différens termes ufités dans cette partie de l'Hiftoire Naturelle ; une notice de tous les fyftêmes, & enfin la lifte des Profeffeurs & des Jardins Botaniques de l'Europe.

Ouvrage orné de 1100 Planches gravées en taille-douce par les meilleurs Maîtres, & deffinées d'après nature.

Par M. BUC'HOZ, Docteur en Médecine, Médecin Botanifte de Monfieur, frère du Roi, & Médecin de Quartier Surnuméraire de fa Maifon, ancien Médecin de quartier de Monfeigneur le Comte d'Artois, & Médecin ordinaire de feu Sa Majefté le Roi de Pologne, Aggrégé au Collège Royal & à la Faculté de Médecine de Nancy, Affocié des Académies de Mayence, de Châlons, d'Angers, de Dijon, de Béziers, de Caen, de Bordeaux & de Metz, Correfpondant de celles de Rouen & de Touloufe ; Membre de la Société Royale d'Agriculture de Rouen.

TOME NEUVIEME DES PLANCHES.

A PARIS.

Chez BRUNET, Libraire, rue des Écrivains, vis-à-vis le Cloître Saint-Jacques-la-Boucherie.

M. DCC. LXXV.

Avec Approbation & Privilége du Roi.

Fig. 1.
Fig. 2.
Amaranthus tristis.
Linn. Sp. plant. 1404.
Fig. 1. Blitum jndicum majus.
rumph. 5. p. 233. T. 82.
Fig. 2. Blitum minus. rumph. ibid.
Amaranthe triste.

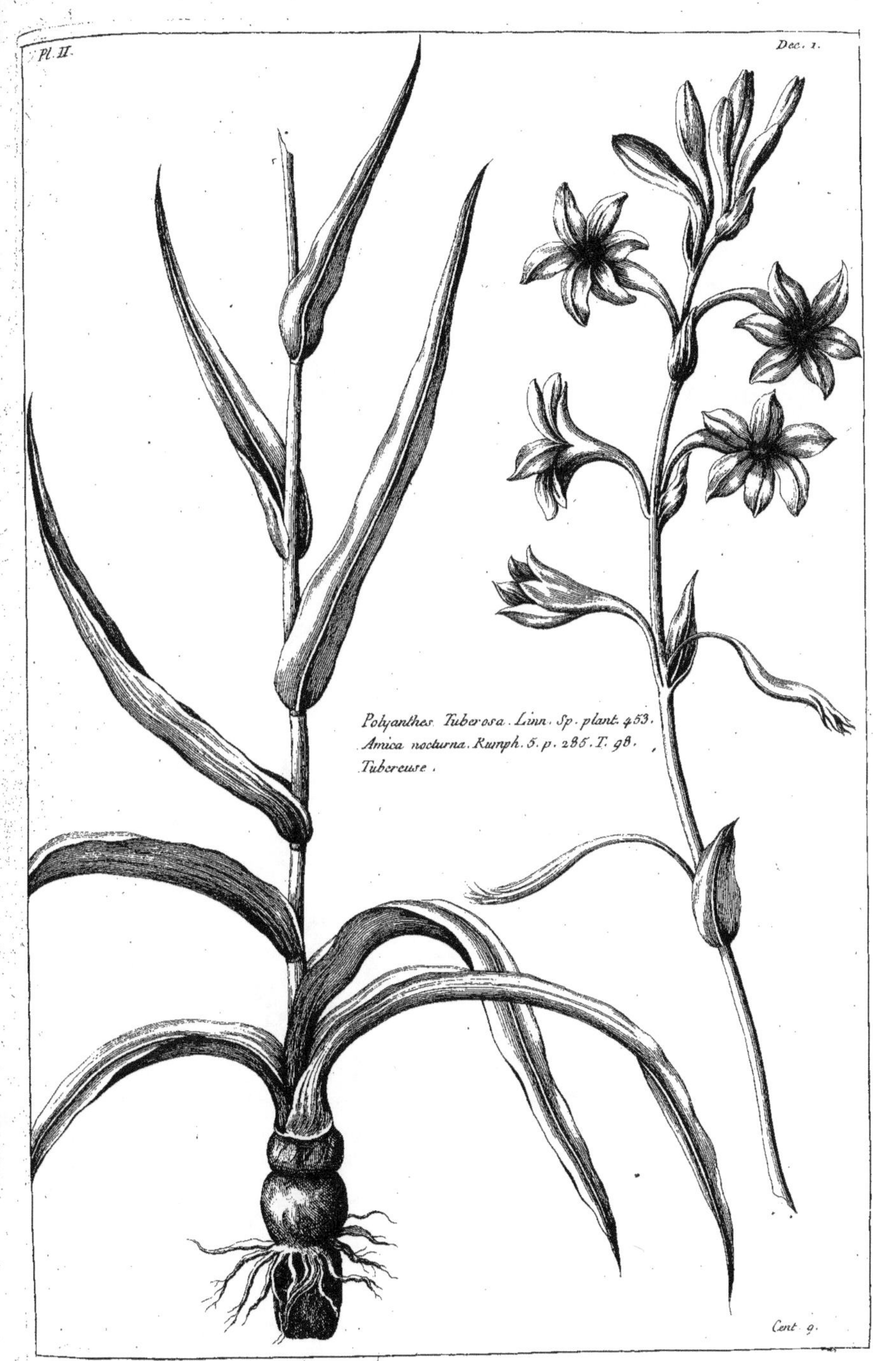

Pl. II.
Dec. 1.
Polyanthes. Tuberosa. Linn. Sp. plant. 453.
Amica nocturna. Rumph. 5. p. 285. T. 98.
Tubereuse.
Cent. 9.

Pl. III.
Dec. I.
Curcuma rotunda.
Linn. Sp. plant. 3.
Curcuma. rumph. 5.
p. 167. T. 3.
Curcuma.
Cent. 9.

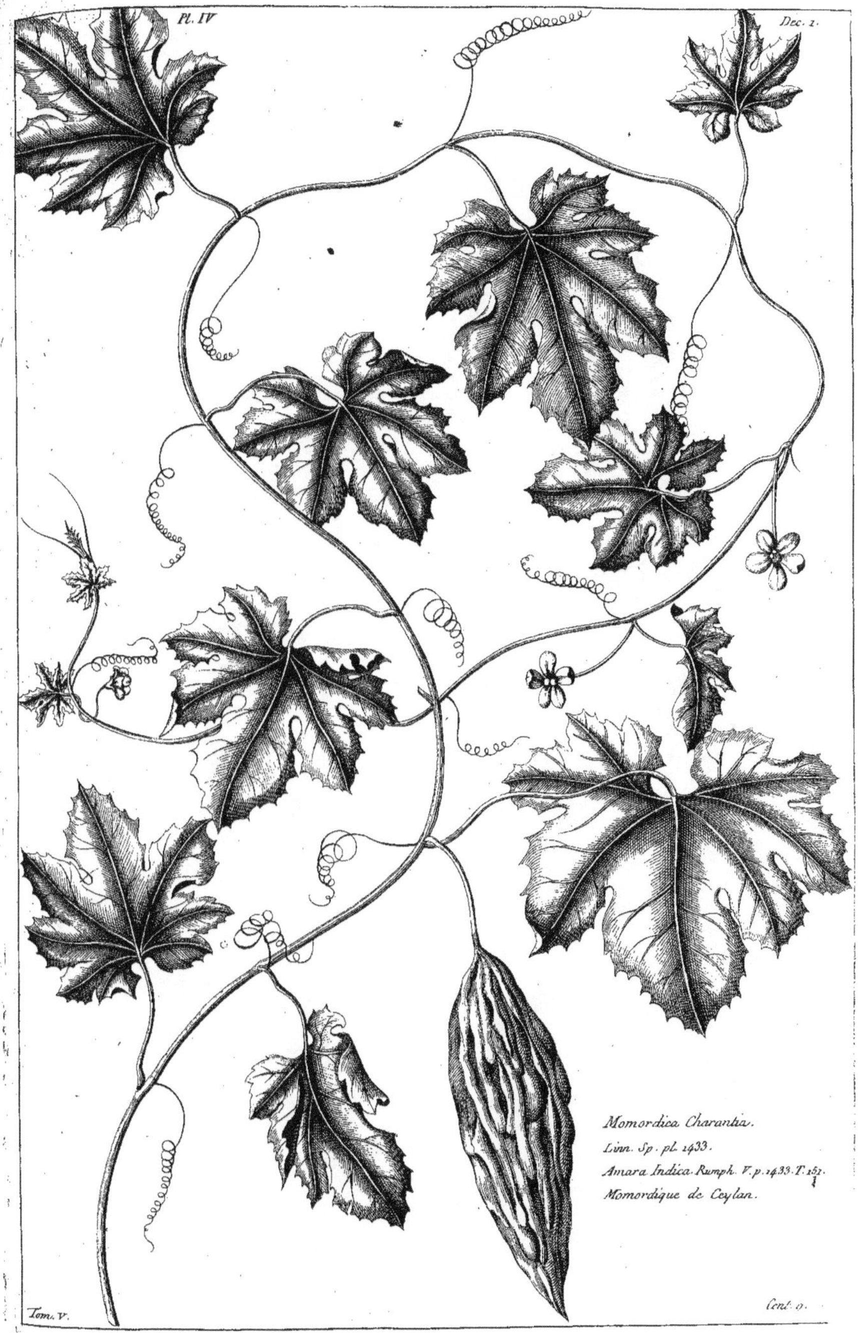

Pl. IV
Dec. 1.
Momordica Charantia.
Linn. Sp. pl. 1433.
Amara Indica. Rumph. V. p. 1433. T. 151.
Momordique de Ceylan.
Tom. V.
Cent. 9.

Perticaria Tertia.
Rumph. 3. p. 189. T. 120.
Hunut.

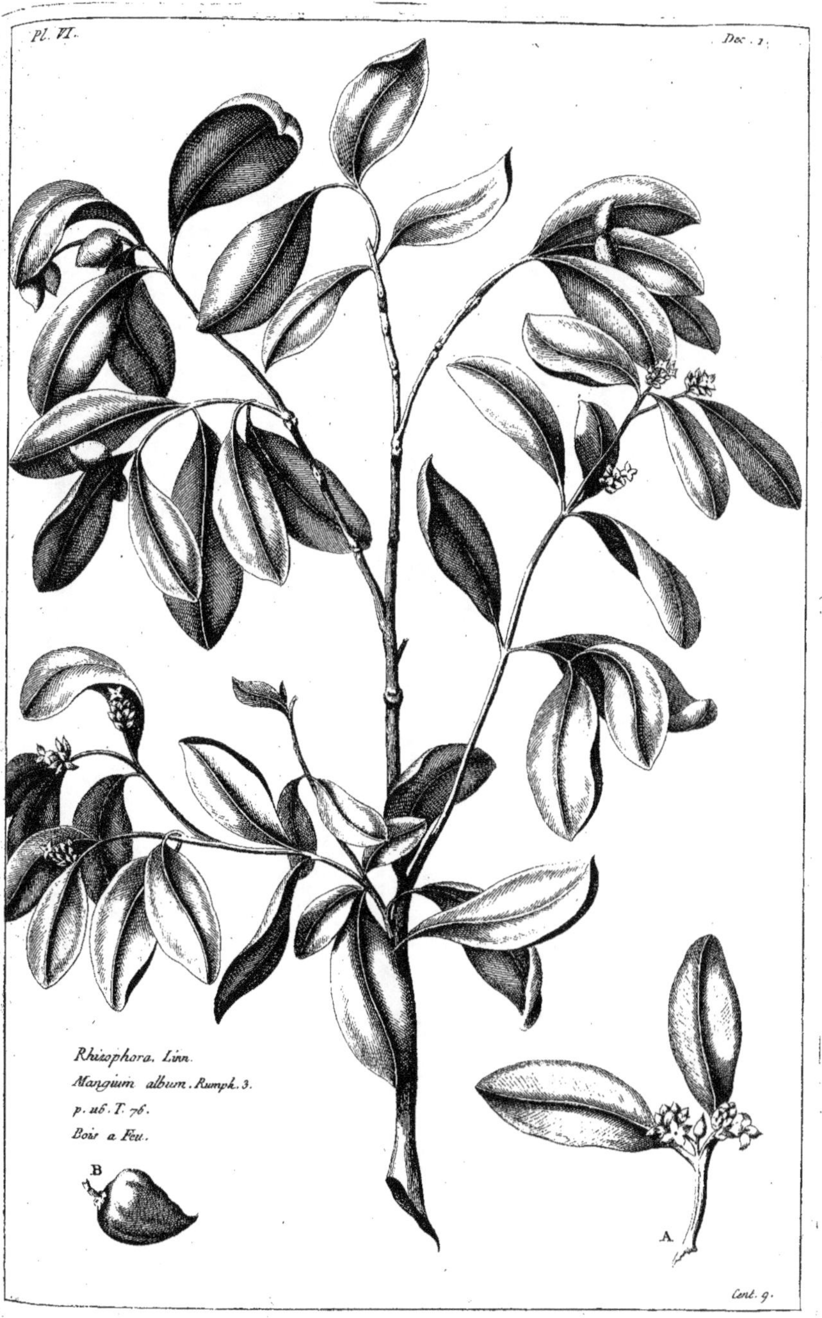
Rhizophora. Linn.
Mangium album. Rumph. 3.
p. 116. T. 76.
Bois a Feu.
B
A

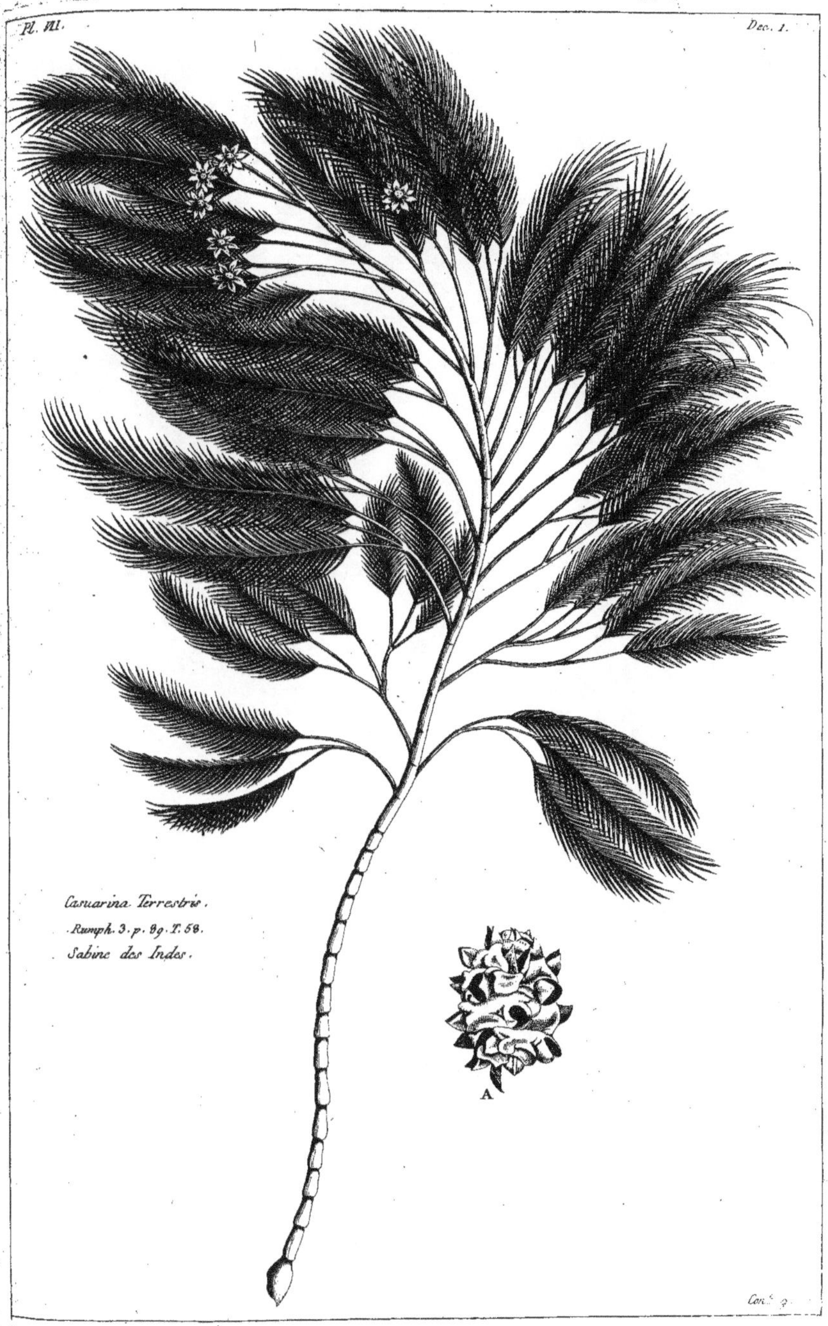

Cas.t 2.

Pl. VIII
Dec. 1.
Mimusops elengi.
Linn. Sp. Plant. 497.
Flos Cuspidum. Rumph. 2
P. 191. T. 63.
Tanjon.
A
B
A
C
Cent. 9.

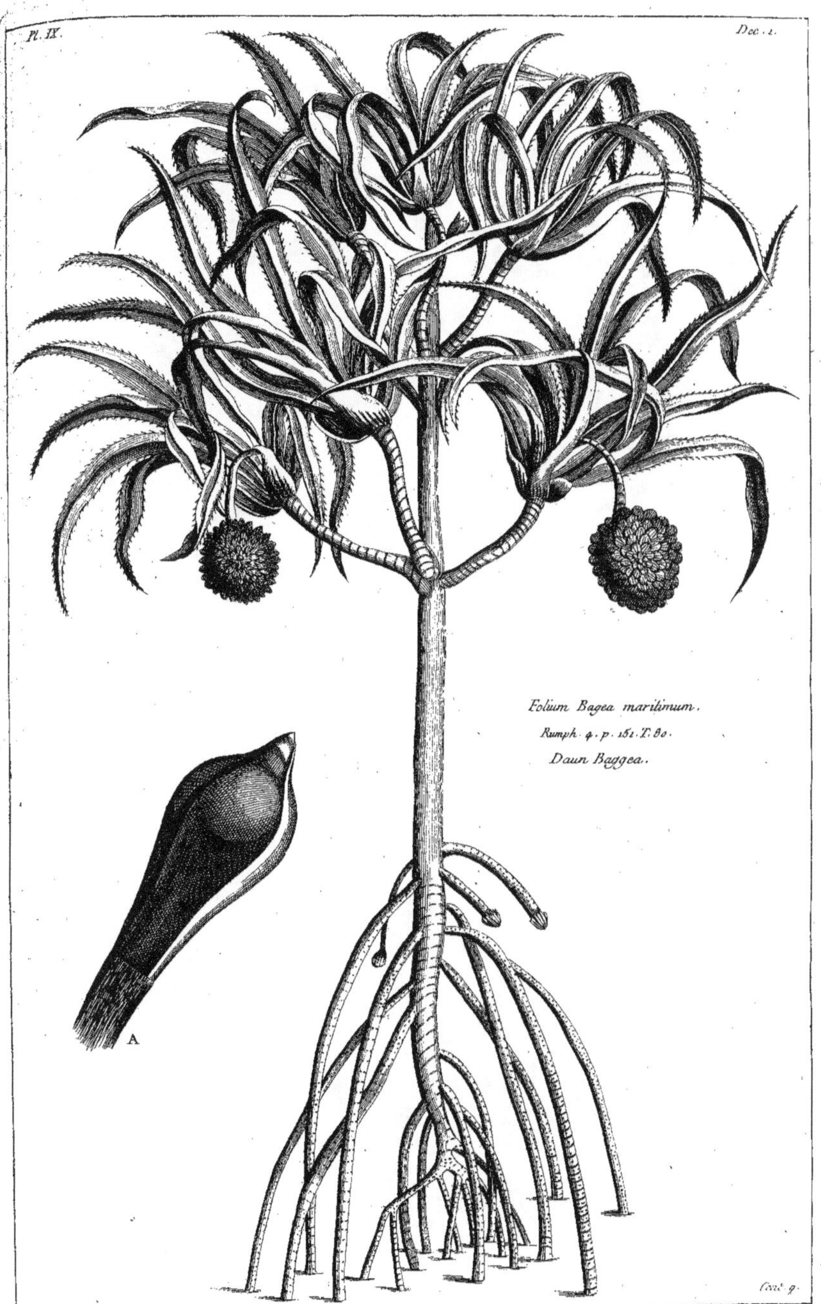

Pl. IX.
Dec. 1.
Folium Bagea maritimum.
Rumph. 4. p. 151. T. 80.
Daun Baggea.
A
(cut. 9.

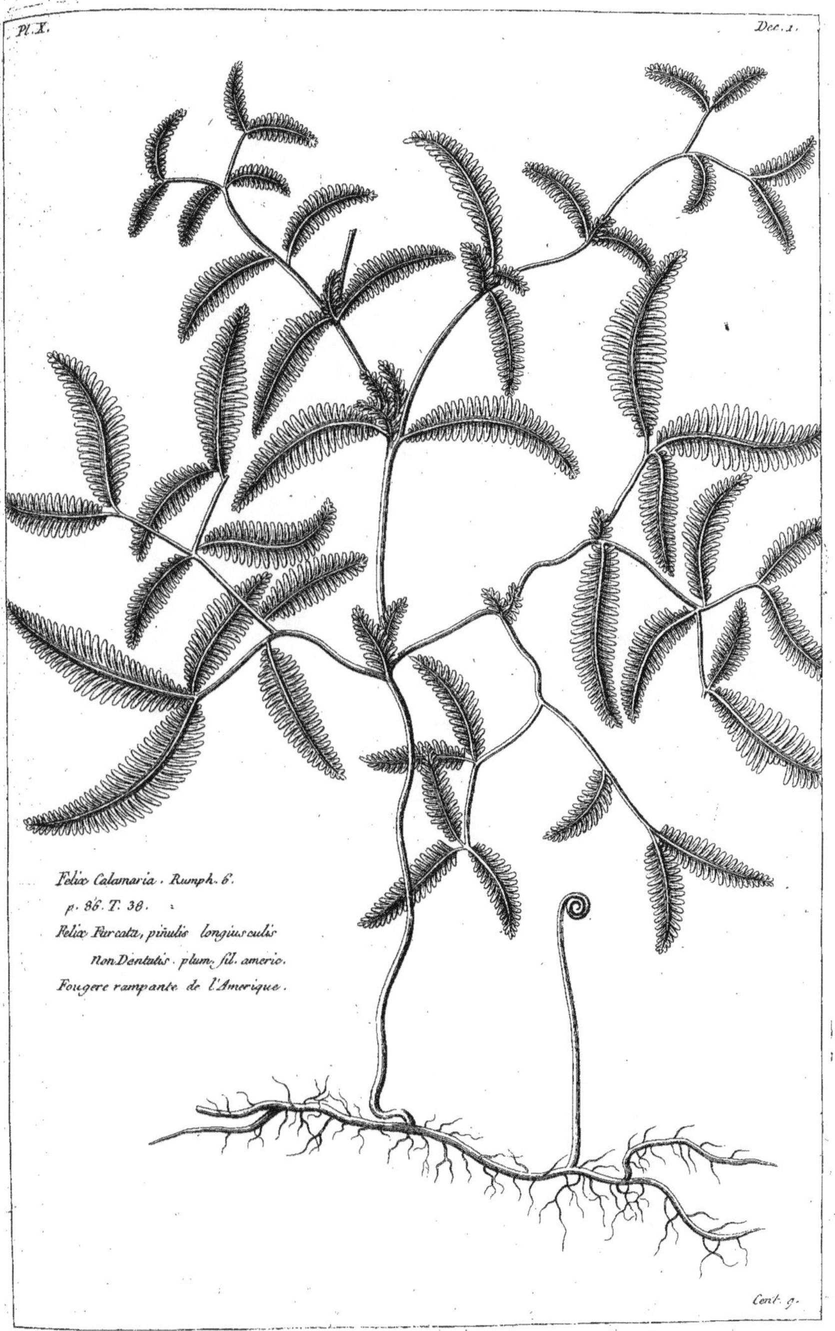
Felix Calamaria . Rumph. 6.
p. 86. T. 38.
Felix Furcata, pinulis longiusculis
Non Dentatis . plum. fil. americ.
Fougere rampante de l'Amerique.

Pl. I.
Dec. 2.
Radix Filter.
Rumph. auct.
P. 7. T. 4.
Acca mera.
Cent. 9.

Pl. II.
Dec. 2.
Arundo Indica.
Lebeba dicta rumph. 4. p. 5. T. 1.
Arundo Indica arbor
procera verticillata.
Pluk. mant. 1.
Roseau des Indes en Arbre.
Cent. 9.

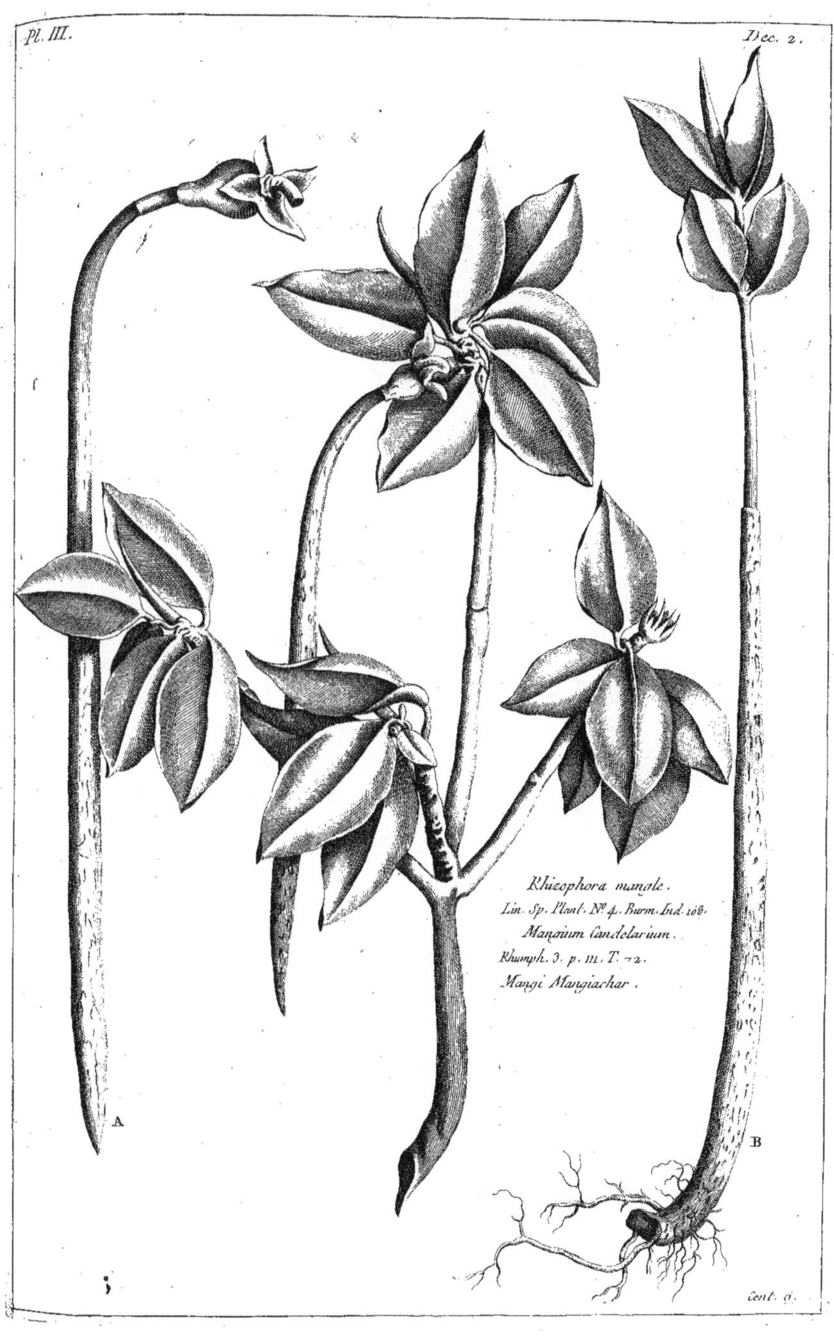

Pl. III.
Dec. 2.
Rhizophora mangle.
Lin. Sp. Plant. N.º 4. Burm. Ind. 108.
Mangium Candelarium.
Rhumph. 3. p. 111. T. 72.
Mangi Mangiachar.
A
B
Cent. 6.

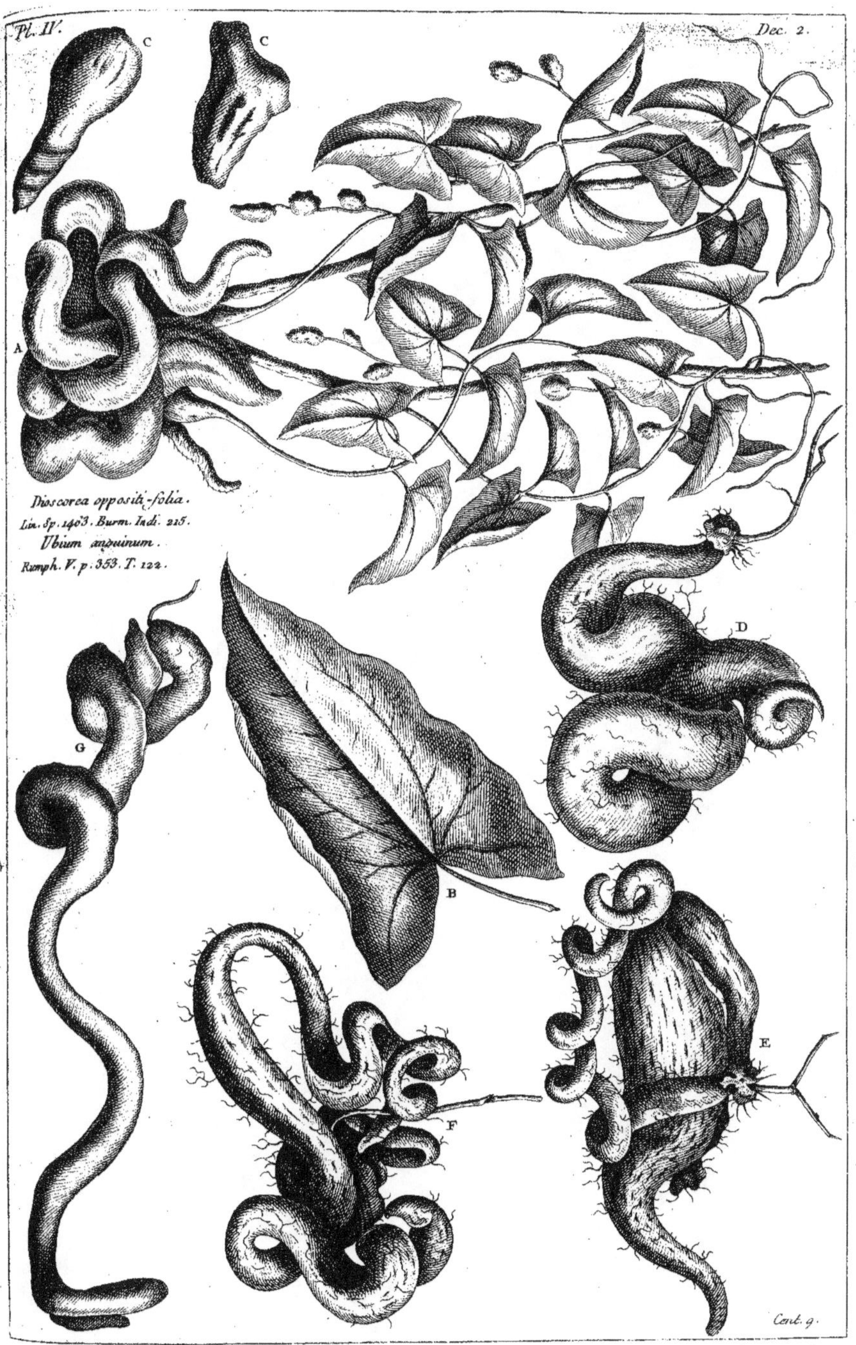
C
C
A
Dioscorea oppositi-folia.
Lin. Sp. 1403. Burm. Indi. 215.
Ubium anguinum.
Rumph. V. p. 353. T. 122.
D
G
B
F
E
Cent. 9.

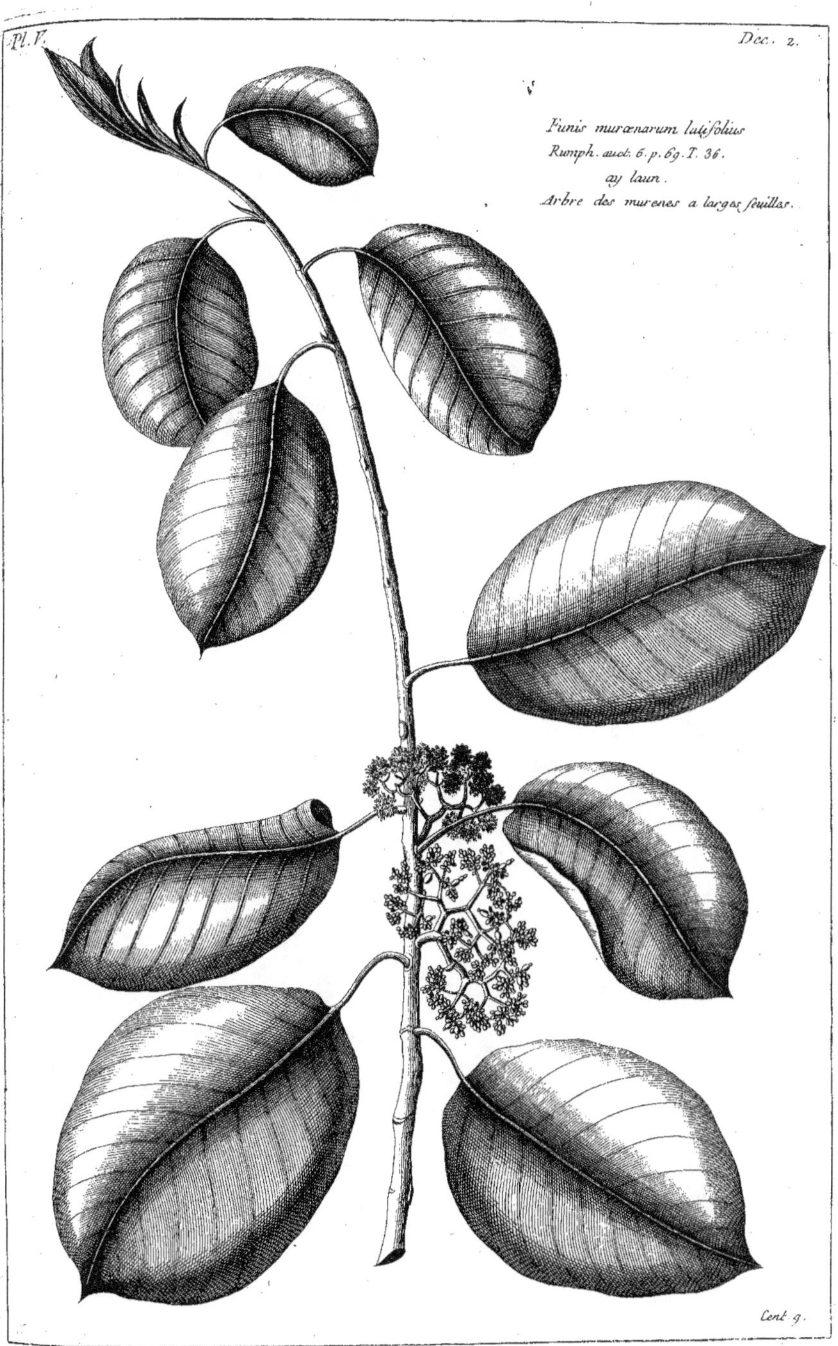
Pl. V.
Dec. 2.
Funis muraenarum latifolius
Rumph. auct. 6. p. 6g. T. 36.
ay laun.
Arbre des murenes a larges feuilles.
Cent. g.

Pandanus Ceramicus.
Rumph. 4. p. 149. T. 79.
Pandang Ceram.

Corius. rumph. 3.
p. 49. T. 27.
Kore.

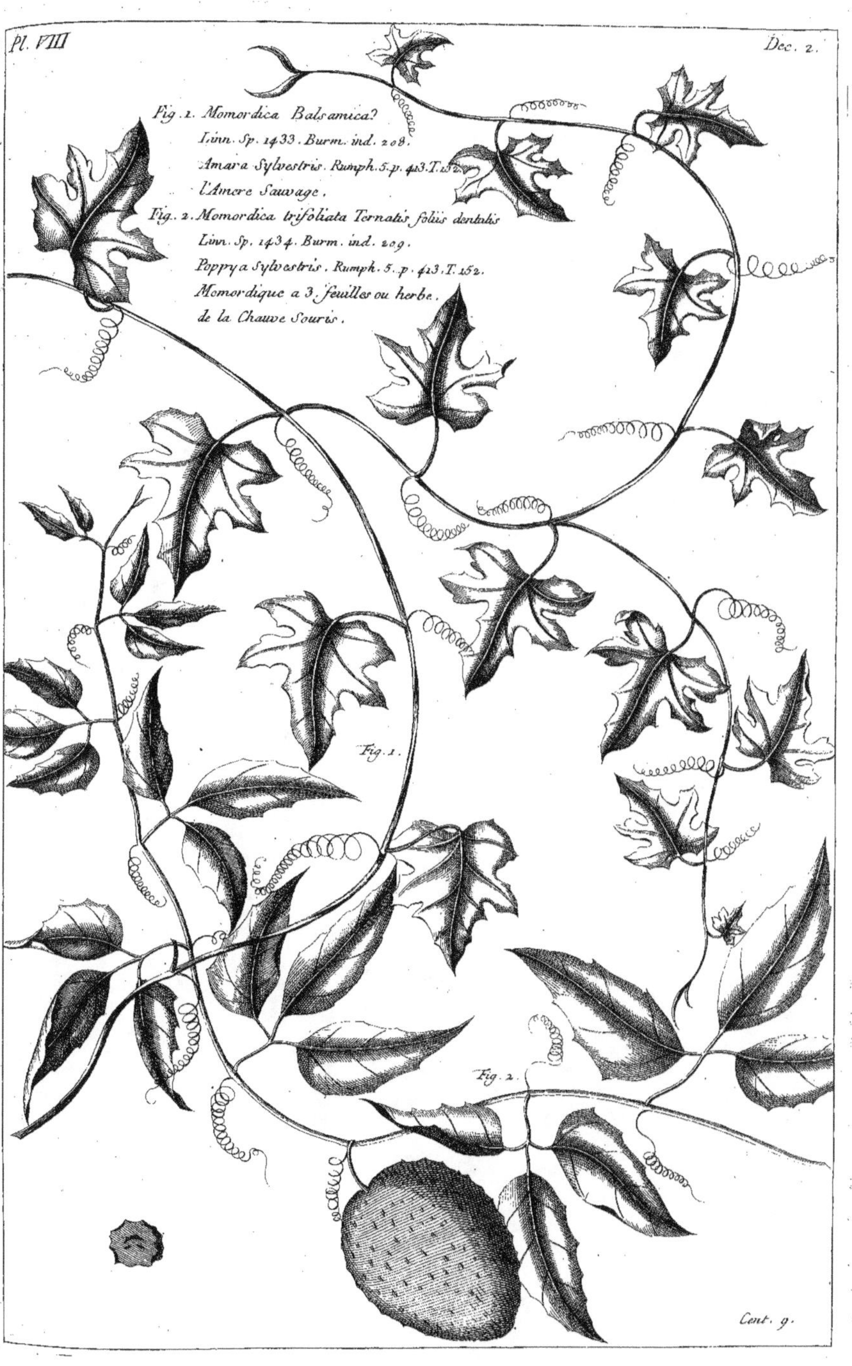
Fig. 1. Momordica Balsamica?
Linn. Sp. 1433. Burm. ind. 208.
Amara Sylvestris. Rumph. 5. p. 413. T. 152.
l'Amere Sauvage.
Fig. 2. Momordica trifoliata Ternatis foliis dentatis
Linn. Sp. 1434. Burm. ind. 209.
Poppya Sylvestris. Rumph. 5. p. 413. T. 152.
Momordique a 3. feuilles ou herbe.
de la Chauve Souris.
Fig. 1.
Fig. 2.
Cent. 9.

Fig. 1. Coix Lacryma jobi.
Linn. Sp. plant. 1378.
Burm. ind. 194.
Ova piscium. Rumph. 5.
P. 192. T. 75.
Fig. 2. Coix Lacryma. Linn. Sp.
1378. Burm. ind. 199.
Lacryma Jobi indica.
Rumph. ibid.
Larmes de Job, des indes
Fig. 2.
Fig. 1.
A

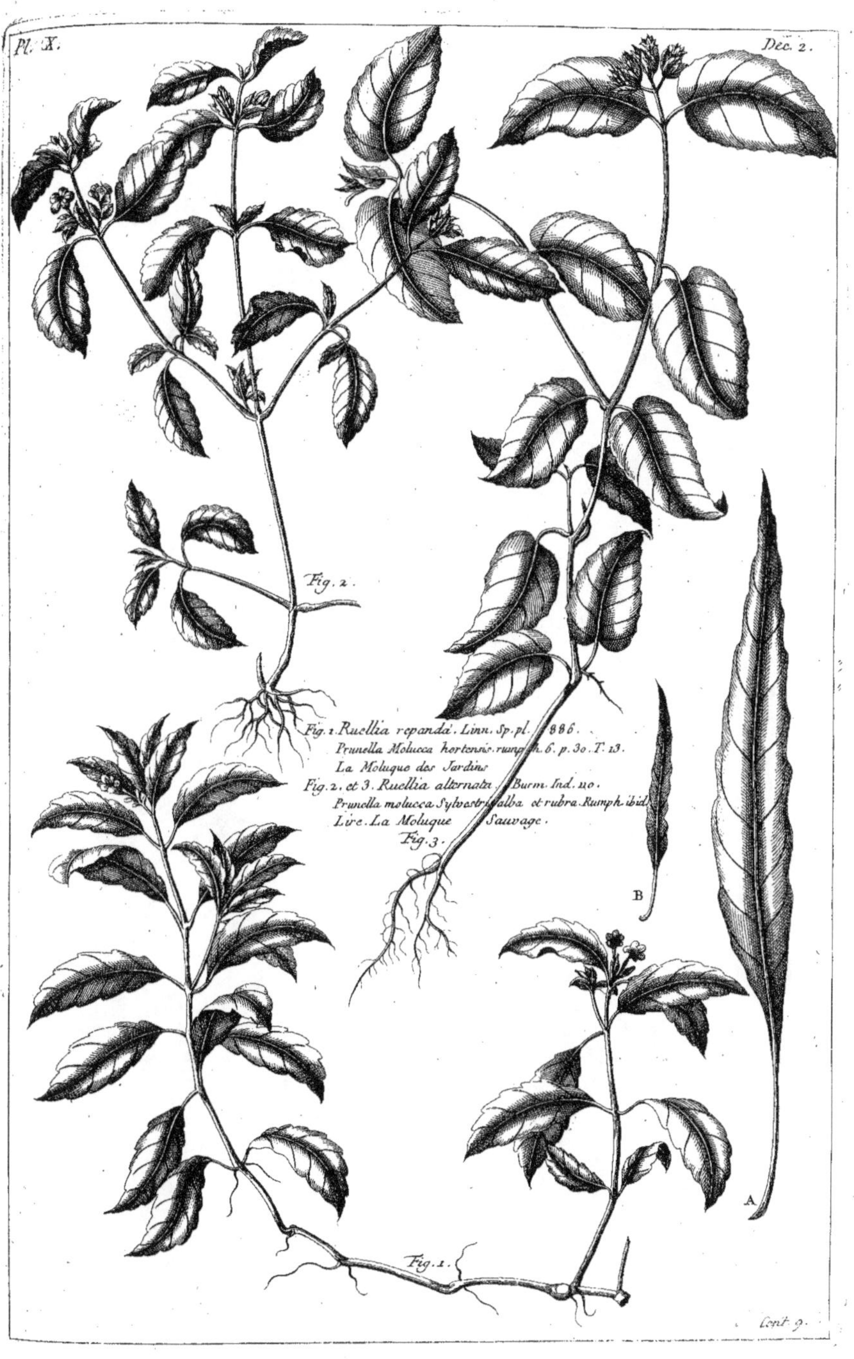

Pl. X.
Dec. 2.
Fig. 2.
Fig. 1. Ruellia repanda. Linn. Sp. pl. 886.
Prunella Molucca hortensis. rumph. 6. p. 30. T. 13.
La Moluque des Jardins
Fig. 2. et 3. Ruellia alternata. Burm. Ind. 110.
Prunella molucca Sylvestris alba. et rubra. Rumph. ibid.
Lire. La Moluque Sauvage.
Fig. 3.
B
A
Fig. 1.
Cont. 9.

Fig. 1 Chrysanthemum Indicum. Linn. Sp. 1253.
Matricaria Sinensis.
Rumph. 5. p. 261. T. 91.
Matricaire de la Chine.
Fig. 2 Artemisia vul- garis. Linn. Sp. 1188.
Artemisia lati- folia. Rumph. Ibid.
Armoise Commune.
Fig. 2.
Fig. 1.
Cont. 9.

Fig. Nerium. B.
Oleander Sinicus.
Rumph. auct. p. 16. T. 9.
Laurier rose de la Chine.
Fig. 2. Parens muscarum.
Rumph. Ibid.
le Pere des Mouches.
Fig. 1.
Fig. 2.
Cent. 9.

Pl. III.
Dec. 3.
Fig. 2.
A
Fig. 1.
Acanthus ilicifolius.
Linn. Sp. plant. 892.
Fig. 1. Aquifolium Indicum mas.
Rumph. 6. p. 169. T. 71.
Fig. 2. Aquifolium Indicum fœmina
Rumph. Ibid.
Houx des Indes.
Cent. 9.

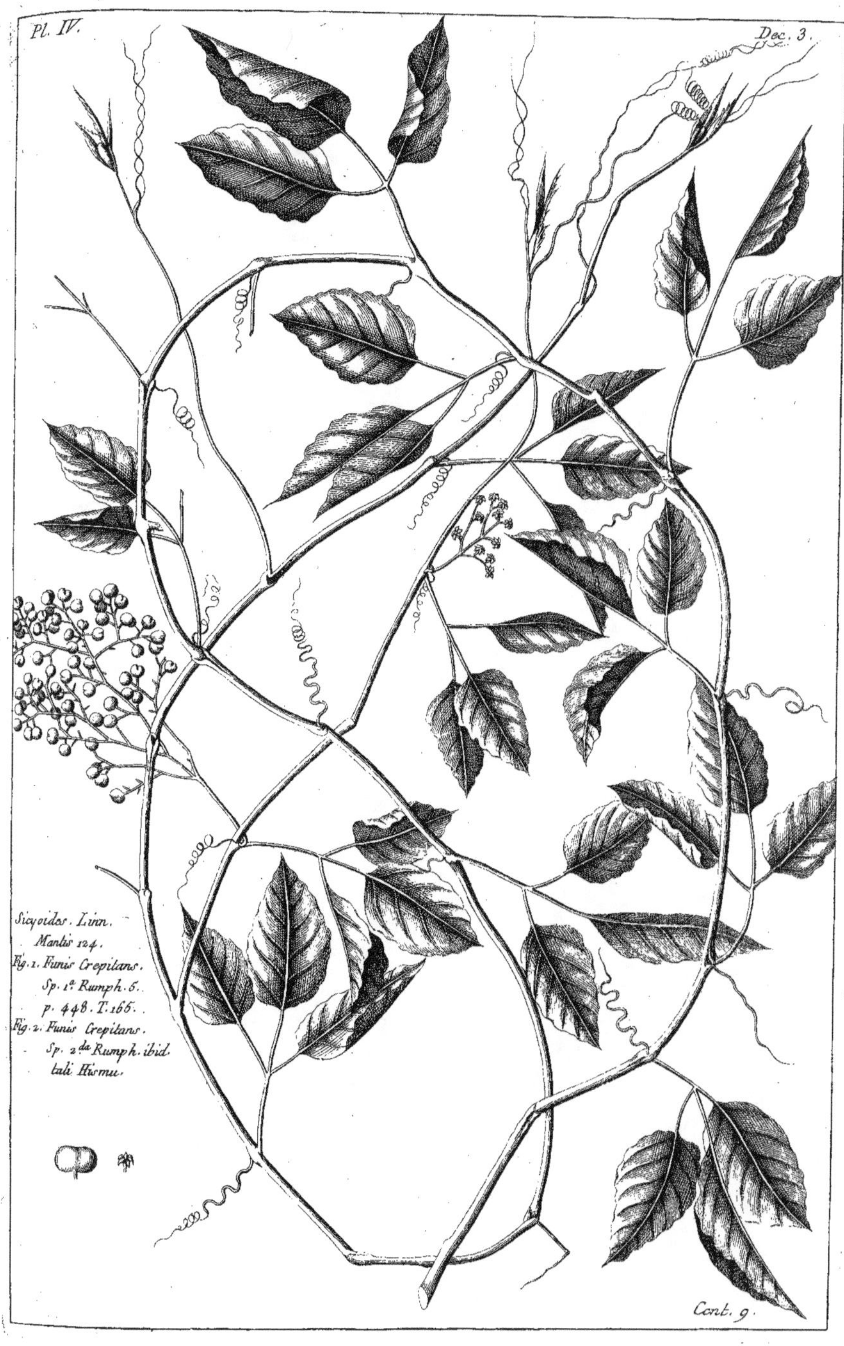

Pl. IV.
Dec. 3.
Sicyoides. Linn.
Mantis 124.
Fig. 1. Funis Crepitans.
Sp. 1.ª Rumph. 5.
p. 448. T. 166.
Fig. 2. Funis Crepitans.
Sp. 2.da Rumph. ibid.
tali Hismu.
Cont. 9.

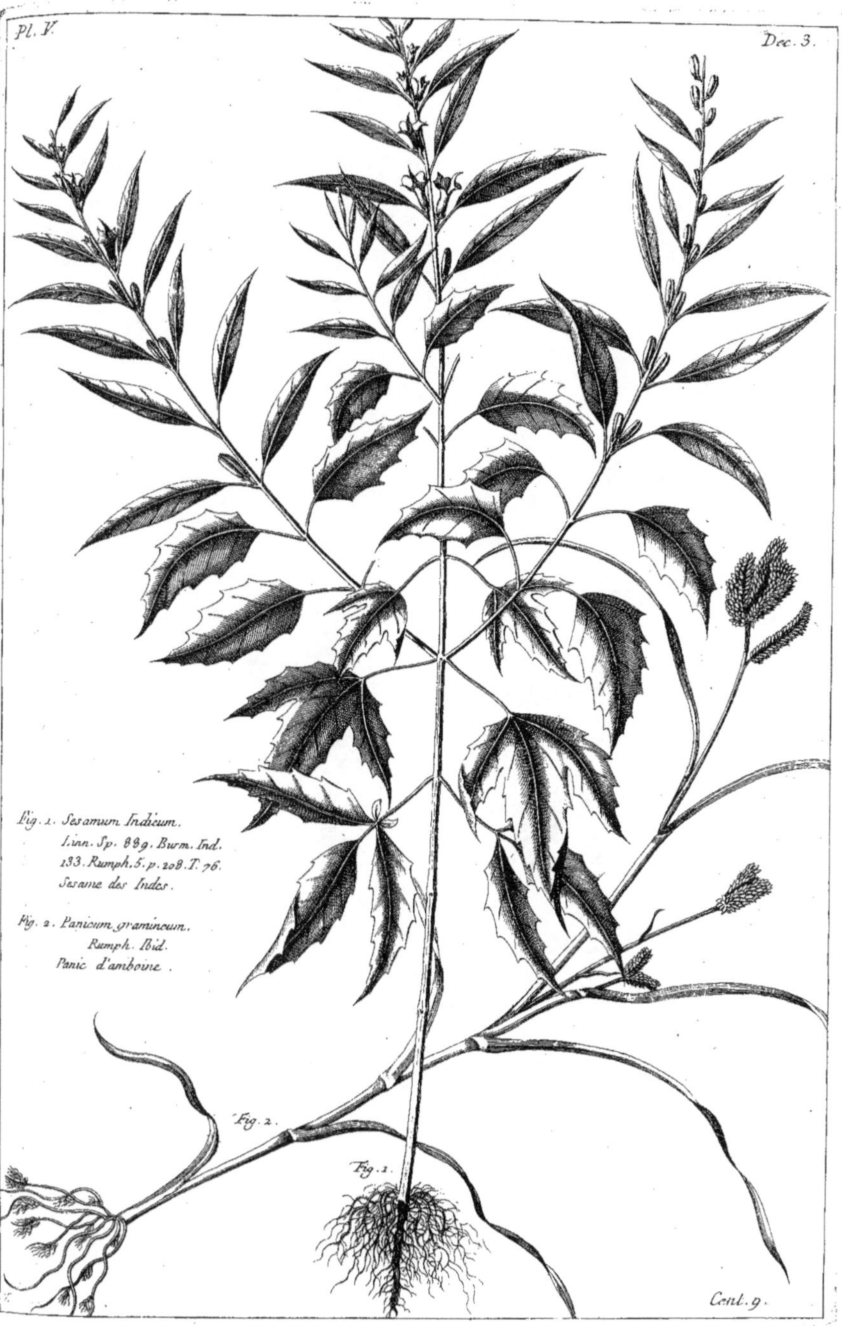

Pl. V.
Dec. 3.
Fig. 1. Sesamum Indicum.
Linn. Sp. 883. Burm. Ind.
133. Rumph. 5. p. 208. T. 76.
Sesame des Indes.
Fig. 2. Panicum gramineum.
Rumph. Ibid.
Panic d'amboine.
Fig. 2
Fig. 1
Cent. 9.

Fig. 1. Phyllitis   Arborea amboinica.
    Rumph.   6. p. 83: T. 37.
    Polypode   d'arbre d'amboine
Fig. 2. Phyllitis   Terrestris   Rumph. Ibid.
    Polypode   de Terre.
Fig. 3. Ophio   glossum pendulum,
    Foliis   linearibus longissimis Subdi-
    divisis   .Linn. Sp. 1518. Burm. Ind. 227.
        Scolopendria. Rumph.
    la   Grande Scolopendre).

Femme Fessard, Pinx.   Vangelisti, Sculp.

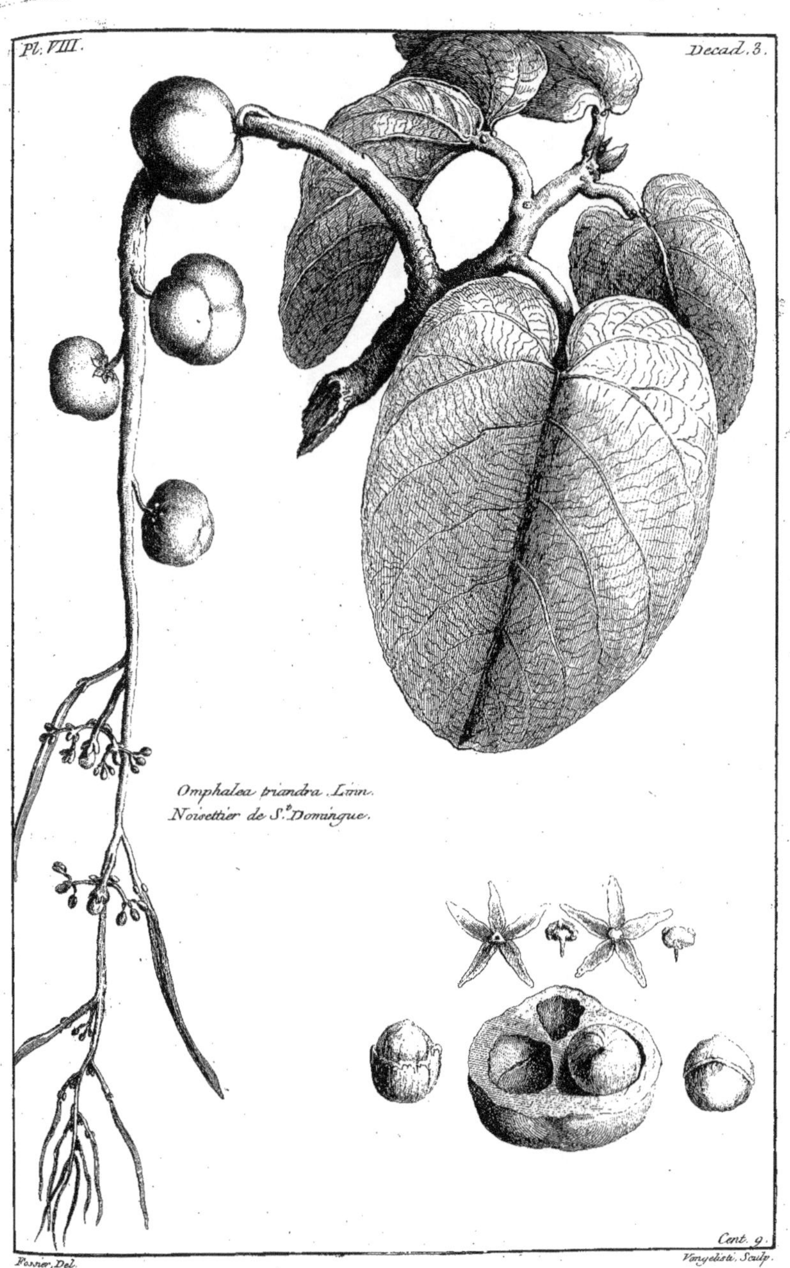

Pl. VIII.
Decad. 3.
Omphalea triandra Linn.
Noisettier de S.ᵗ Domingue.
Cent. 9.
Fossier, Del.
Vangelisti, Sculp.

Linum tenui-folium linn.
Lin Sauvage.

Cent. 9.

Dupin fils Sculp.

Pl. X.
Dec. 3.
Abutilon americanum fol. hastato
fructu cæruleo. D. Houston.
Abutilon d'Amerique.
Cent. 9.
Aubriet l'inv.
Dupin fil. Sculp.

Dupin filius Pinx.

Cent. 9.

Mlle. de St. Suire Pinx.   Dupin Filius Sculp.

Cent. 9.

Melle de St Suire Pinx.

Dupin filius Sculp.

Pl. IV.
Dec. 4.
Ophris insectifera miodes. Linn.
Ophrise a fleurs en forme d'Insectes.
Cent. 9.
Dupin filius Sculp.

Pl. V.
Dec. 4.
Atriplex Sinensis.
Arroche de la Chine.
Cent. 9.
Mlle. Neviance Pinx.
Dupuis filius Pinx.

Duchesne del. Dupin filius Sculp.

Geranium macrorhizum. Linn.
Bec de Grue odorant.

Cent. 9.

Alcea Rosacea. Linn.
Passerose.

Mlle. de St. Suire Pinx.

Dupin filius Sculp.

Pseudo - brasilianum - racemosum
Plum.
Faux bois de Bresil a fruit en grappes.

Pl. X.
Dec. 4.
Ophris insectifera Linn.
Ophrise a fleurs en forme d'Insecte
Couleur Jaunatre.
Cent. 9.
Dupin filius Sculp.

Cent. 9.

Dupin filius Sculp.

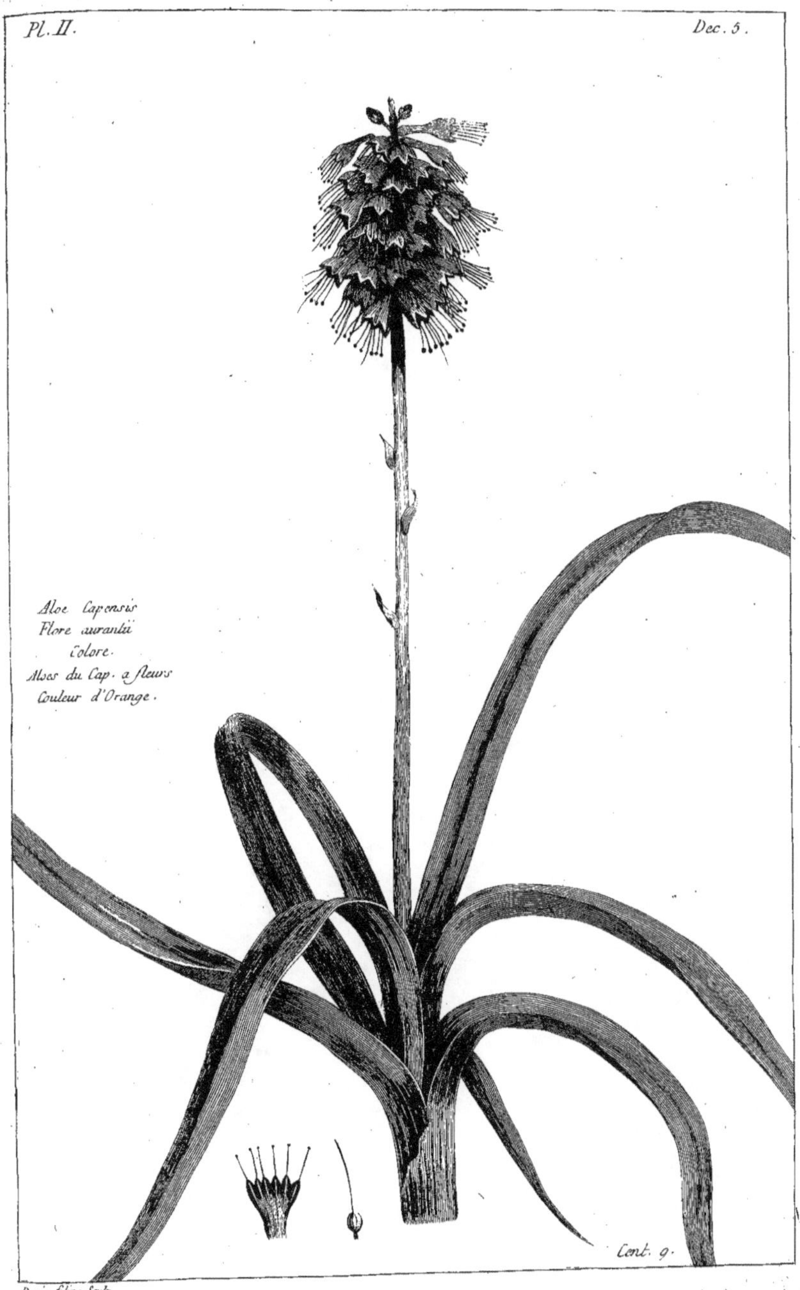

Pl. II.
Dec. 5.
Aloe Capensis
Flore aurantii
Colore.
Aloes du Cap. a fleurs
Couleur d'Orange.
Cent. 9.
Dupin filius Sculp.

Pl. III.
Dec. 5.
Morina persica.
Linn. 39.
Morine orientale a feuilles
de Carline.
lenc. 9.
Dupin filius Sculp.

Pl. IV.
Dec. 5.
Aloë Affricana, arborescens,
montana, non Spinosa, folio long-
issimo, flore rubro. Hor. Ams.
Aloës d'Affrique en Arbre.
Cent. 9.
Aubrie Pinx.
Dupin filius Sculp.

Momordica elaterium.
Linn. 1438.
Concombre Sauvage.

Cent. 9.

Dupin filius Sculp.

Cent. 9.

Dupin filius Sculp.

Me Fossard Pinx.

Dupin filius Sculp.

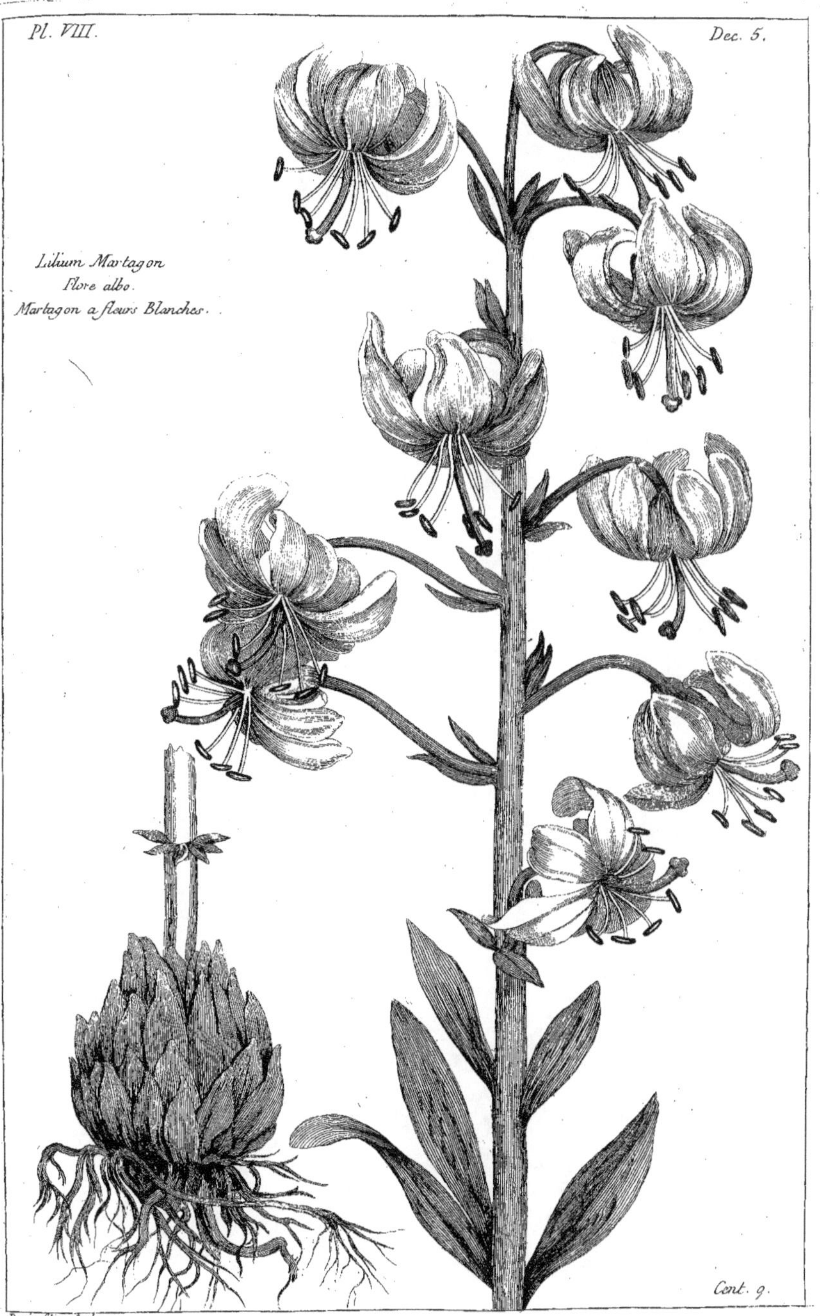

Cent. 9.

Dupui filius Sculp.

Spiræa Filipendula. Linn.
Filipendule.

Dupin filius Sculp.

Pl. X.
Decad. 5.
Canna angustifolia. Linn. 1.
Roseau des Indes.
Cent. 9.
M.lle de S.te Suire. Pinx.
La Chaussée. Sculp.

Asphodelus luteus. Linn.
Asphodele jaune.
Cent. 9.

Pl. II.
Decad. 6.
Lobelia triquetra. Linn.
mantissa.
La Lobel d'Affrique.
Cent. 9.
Mlle de St Suire. Pinx.
Vangelisti Sculp.

Pl. III.
Decad. 6.
Adonis Capensis. Linn. 772.
l'Adonide du Cap.
Cent. 9.
M.lle de S.t Suire. Pinx.
Vangelisti. Scul.

Phlomis Spinosa.
Leonurus epineux.

M.lle de S.t Suare. Pinx.   Breant. Sculp.
Cent. 9.

Pl. V.
Decad. 6.
Amaryllis crispa. aiton.
Amaryllis à fleurs crepuës.
Cent. 9.

M.lle de S.te Suare. Pinx.
Vangelisti. Sculp.

Pl. VI.
Decad. 6.
Erigeron.
Philadelphicum. Linn.
Seneçon du Canada.
Cent. 9.
M.lle de S.t Suire, Pinx.
Briant, Sculp.

Nicotiana Tabacum. Linn.
Tabac.

Cent. 9.
Breant. Sculp.

Penthorum sedoides. Linn. 620.
Penthore.

Pl. IX.
Decad. 6.
Pœnœa arborescens.
Buxi folio aspero. plum. nov.gen.22.
Pœnée en Arbre.
Cond. 9.
La Chaussée. Sculp.

Pl. X.
Dec. 6.
Lithrum repens.
La Sublimée.
Cent. 9.
Dupin filius Sculp.

Pl. I.
Decad. 7.
KÆMPFERIA Hort. Cliff. p. 2. Sp. 1.
La Kempfer.
Cent. 9.
Fessard. Sculp.

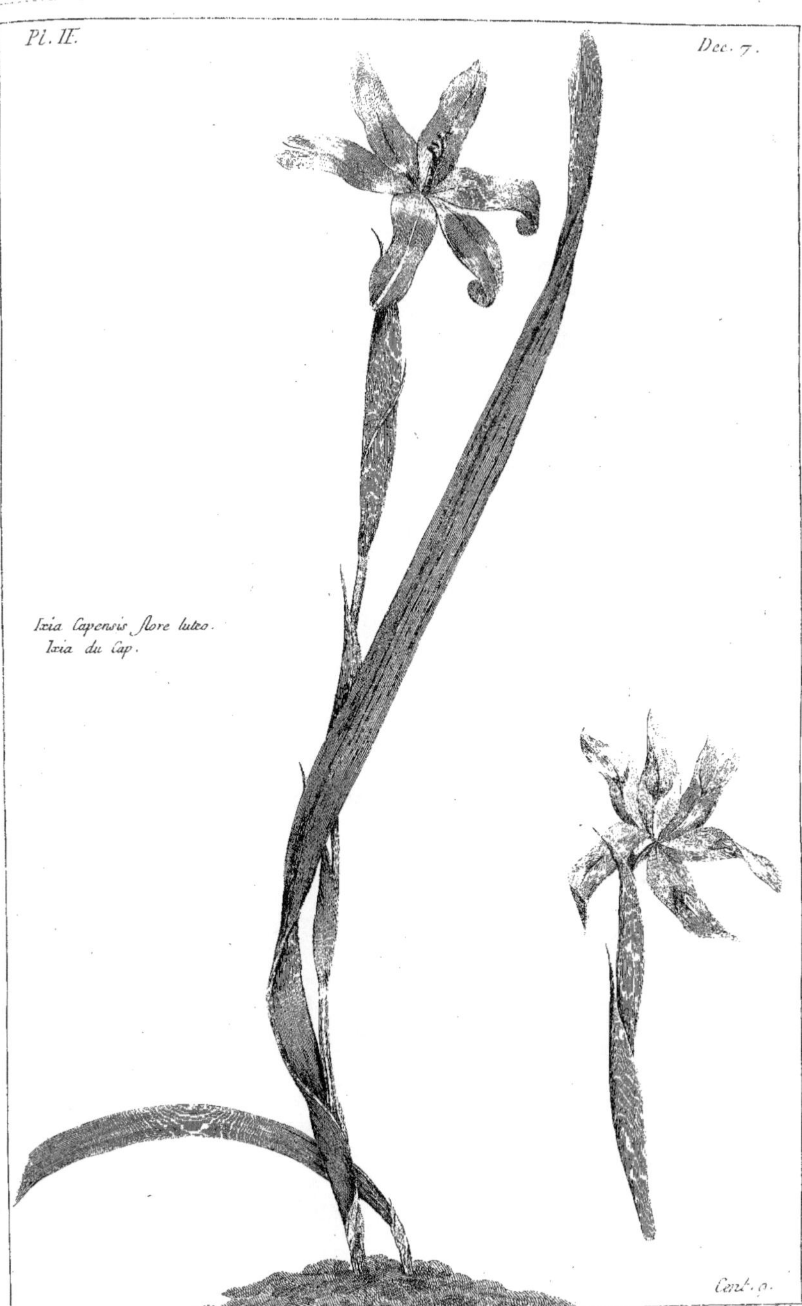

Ixia Capensis flore luteo.
Ixia du Cap.

Cent. 0.

Mlle de St Sivre Pinx.

Dupin filius Sculp.

Dupin filius Sculp.

Mlle. Da St Suire pinx.

Dupin filius Sculp.

Crinum Asiaticum. Linn. mant.
Amaryllis d'Asie.

Cent. 9.

M.lle de S.t Suere Pinx.   Dupin filius Sculp.

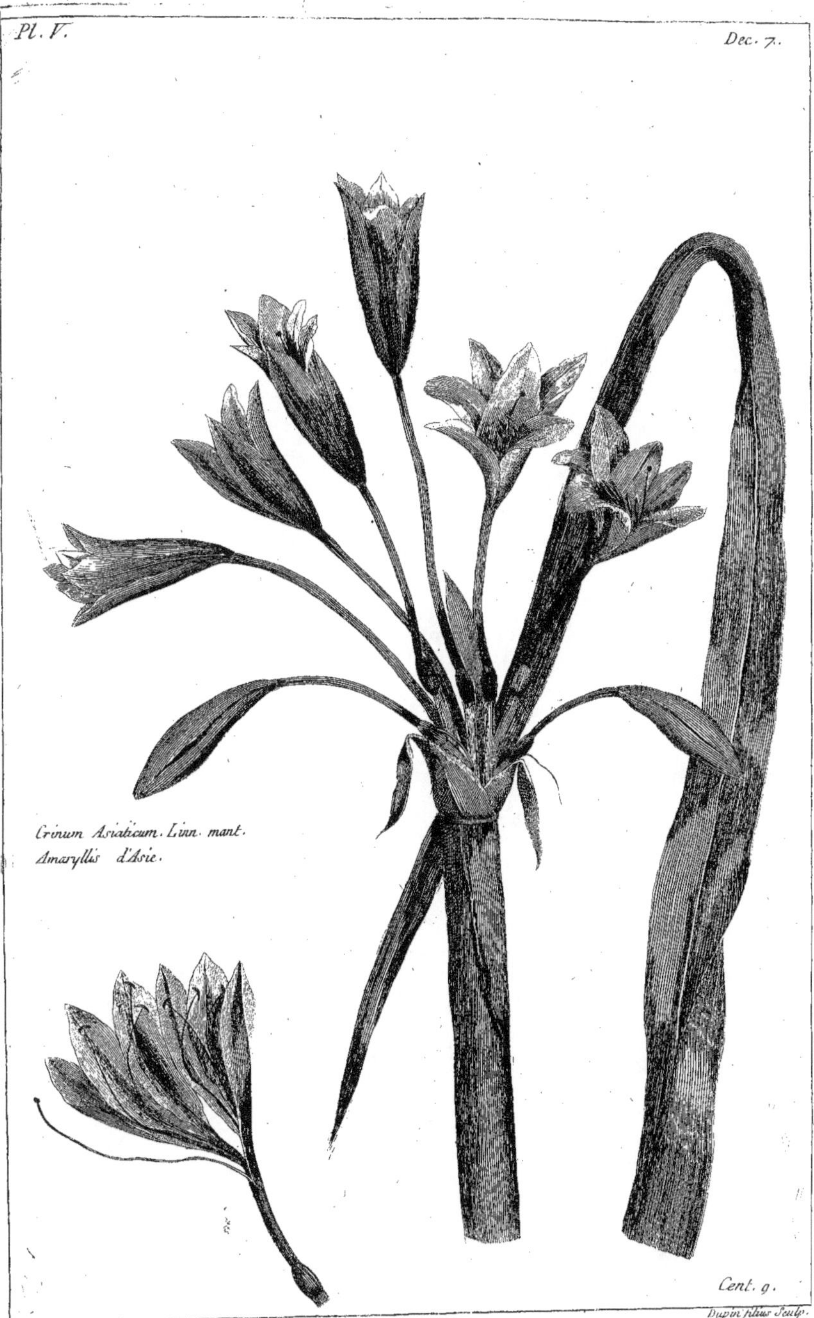

Pl. VI.
Dec. 7.
Ixia planifolia Caule Multiflorâ.
Spathâ Brevissimâ.
Mill. Icon. ad dict.
Ixia du Cap a fleurs couleur
de Chair.
Cent. 0.
Melle de St Suire pinx.
Dupin filius Sculp.

Pl. VII.
Dec. 7.
Ixia foliis linearibus glabris Caule
folioso Bulbifero.
Mill. ad. dict. jcon.
Ixia du Cap a tiges portant
des Bulbes.
Cent. 9.
Mlle de St Suire pinx.
Dupin filius Sculp.

Helleborus niger. Linn.
Hellebore à fleurs de rose.

Cent. 9.

Mlle de St Suire Pinx.

Dupin filius Sculp.

Cent. 9.
Fessard. Sculp.

Diervilla. Hort. Cliff. 63. Sp. 1.
La Dierville d'Acadie.

Pl. I.
Dec. 8.
Mussænda. Linn.
Belilla. li. malab.
la feuille de Princesse.
Cent. 9.
Dupin filius Sculp.

Pl. II.
Dec. 8.
Samida parviflora. Linn.
Guidonia plum.
Cent. 9.
Duchesne del.
Dupin filius Sculp.

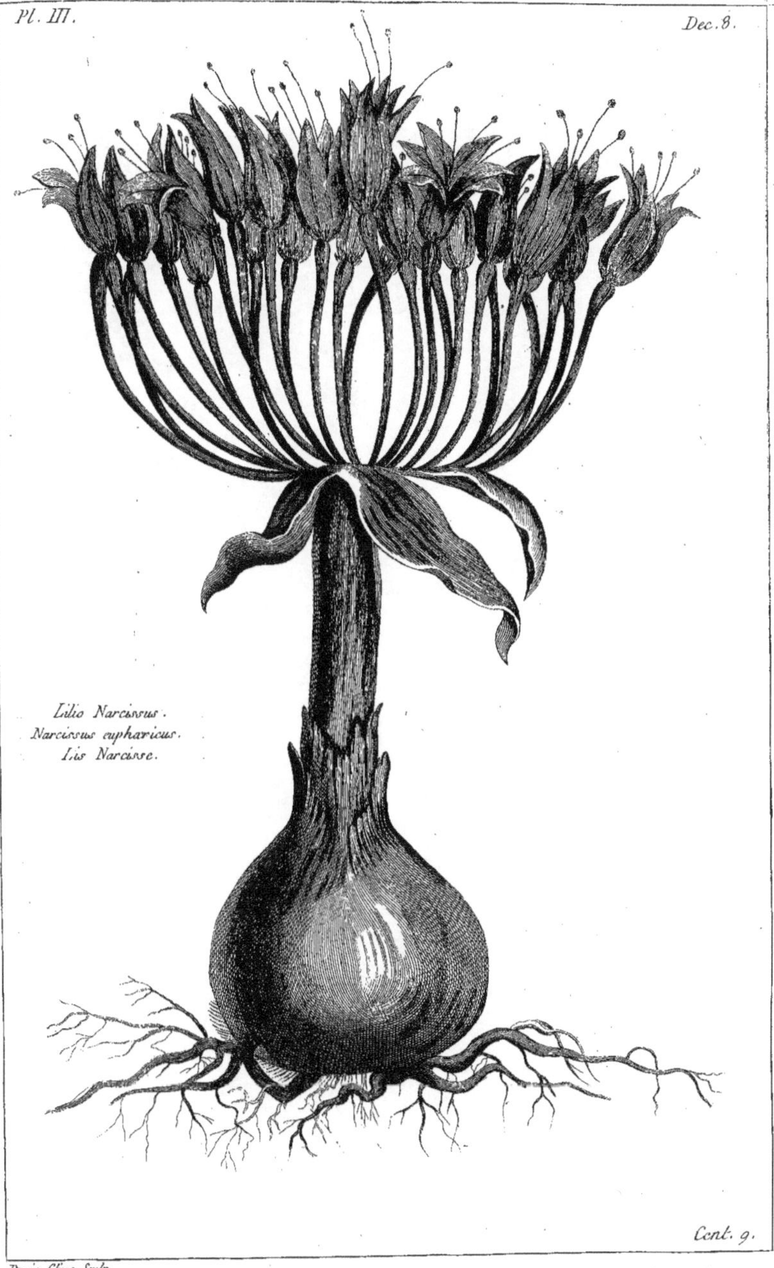

Cent. 9.

Dupin filius Sculp.

M.lle de Surrugue pinx.

Dupin filius Sculp.

Dupin filius Sculp.

Dupin filius Sculp.

Dupin filius Sculp.

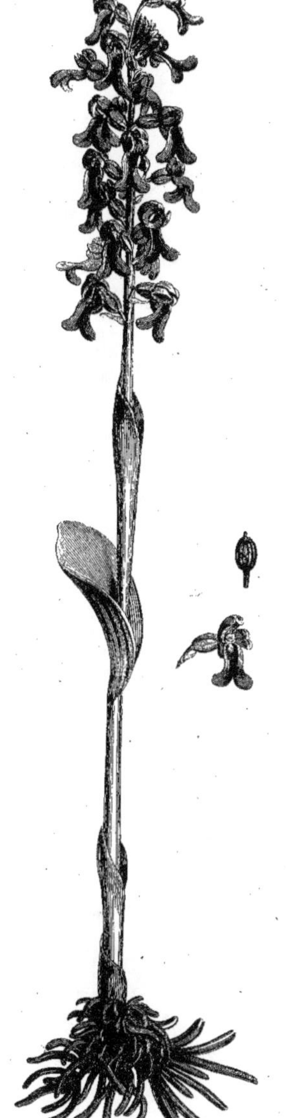

Dupin filius Sculp.

Cataria altissima flore
purpureo cum foliis
verticillorum limbo
purpureo cinctis.
Grande Cataire.

Cent. 9.

Dupin filius Sculp.

Dupin filius Sculp.

Fig. 1. *Lithospermum dispermum. Linn.*
Gremil a petittes feuilles
Fig. 2 *Mercurialis ambigua. Linn. Dec. 1. T. 8.*
Mercuriale androgyne.

Fig. 1.

Fig. 2.

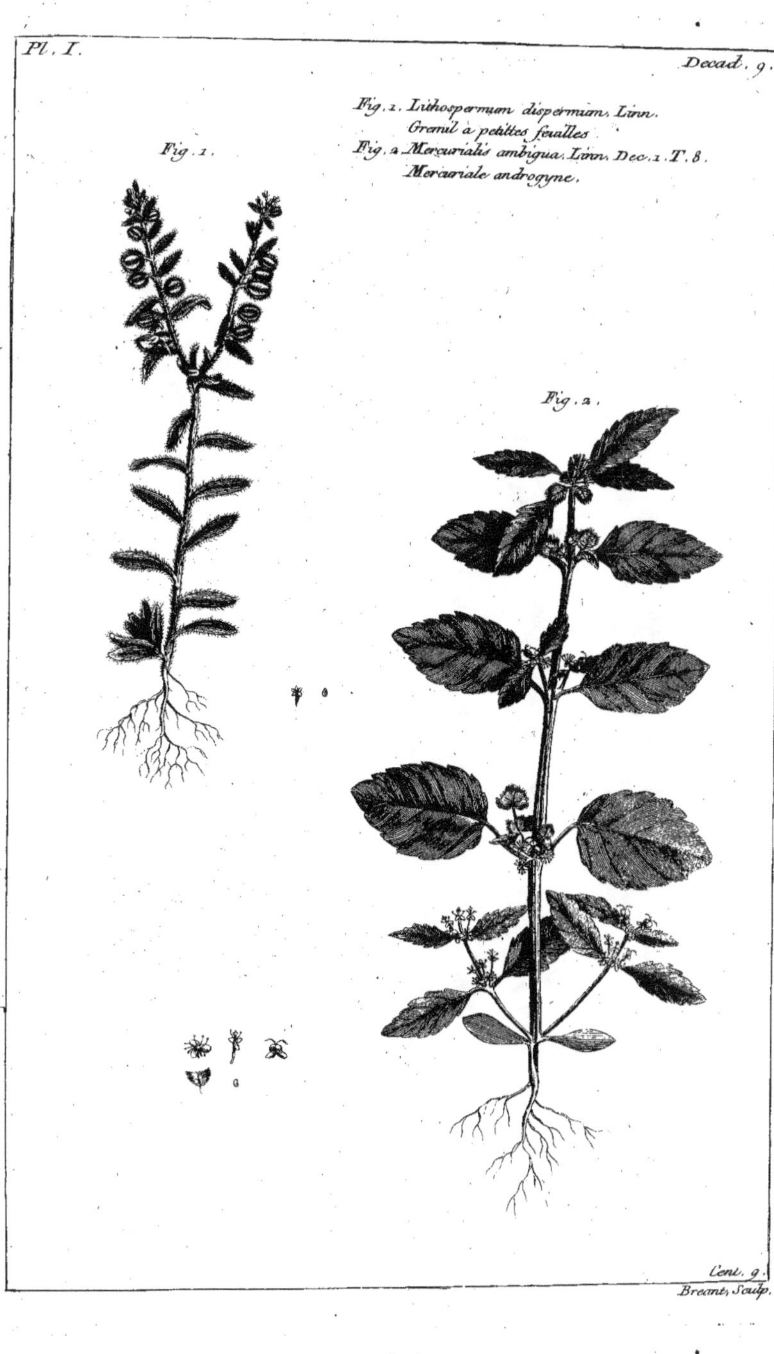

Cent. 9.
Breant, Sculp.

Pl. II.
Decad. 9.
Sida cristata. Linn.
Sida insulæ Dominicæ.
Sida de S.t Domingue.
Cent. 9.
M.lle de S.t Suare, Pinx.
Breant. Sculp.

Indigo fera Scapo infirmo,
foliorum pinnis oblongis,
pallide virentibus, glabris,
pedunculis Spicæ longissimis,
floribus laxe dispositis, leguminibus
latis, Brevibus gibbosis subasperis
dispermis pl. Sel. trew T. 55.
Espece d'Indigo.

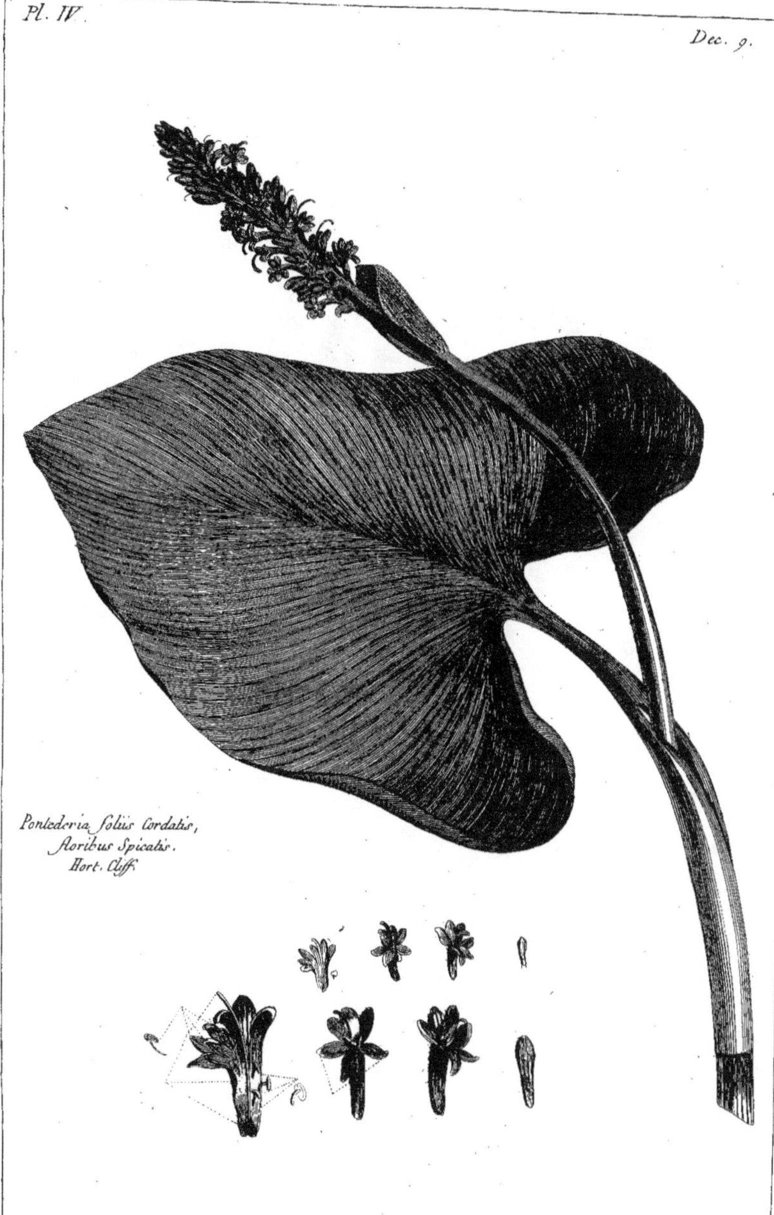

Pontederia foliis Cordatis,
floribus Spicatis.
Hort. Cliff.

Dupin filius Sculp.

Hypericum Canadense. Linn.
Mille-pertuis du Canada.

Cent. 9.

Melle de St Suire Pinx.

Dupin filius Sculp.

Verbesina oleifera. H. R.
Trian.
La Verbesine qui donne de l'Huile.

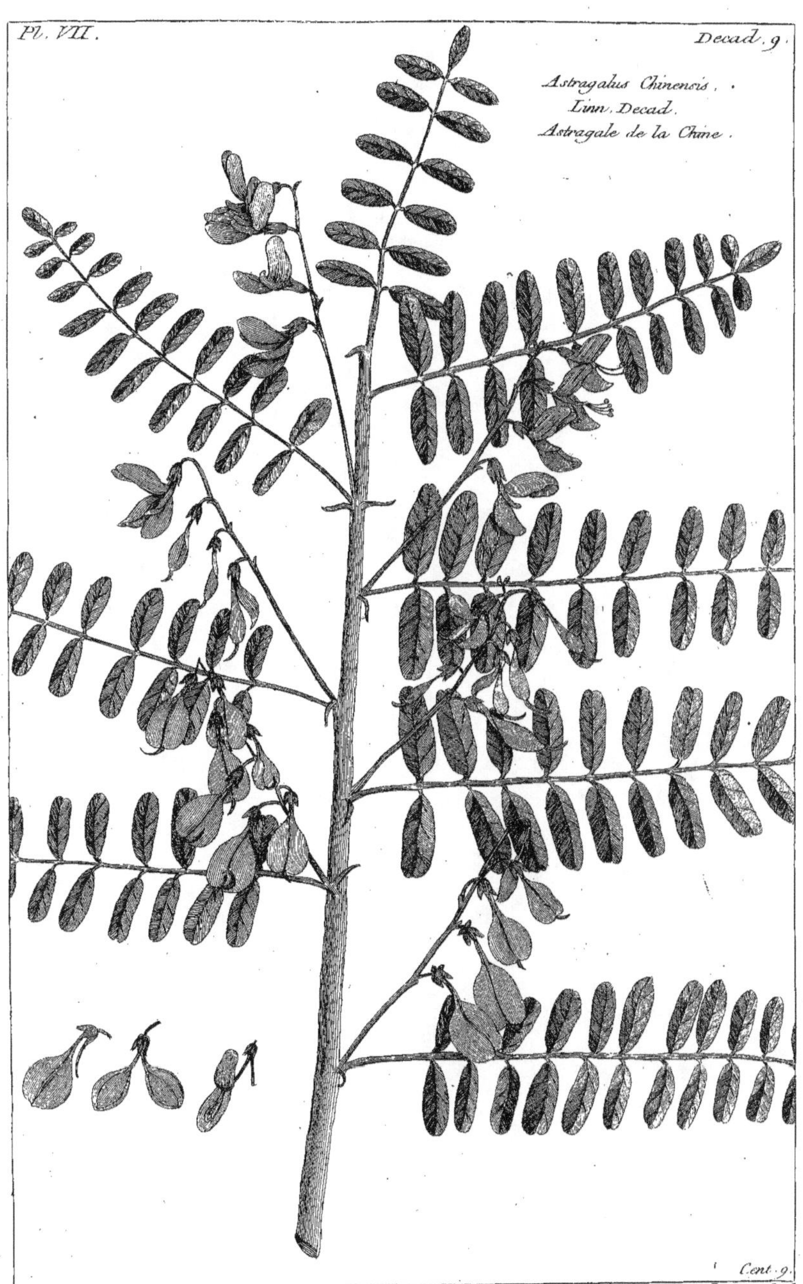

Pl. VII.
Decad. 9.
Astragalus Chinensis.
Linn. Decad.
Astragale de la Chine.
Cent. 9.
Breant. Sculp.

Pl. VIII.
Decad. 9.
Hedysarum junceum. Linn. Decad.
Hedysarum des Indes.
Cont. 9.
Breant. Sculp.

Kuhnia eupatoriodes.
Linn. Sp.
Eupatoire odorant.

Cent. 9.
Breant. Sculp.

Pl. I.
Decad. 10.
Nolana prostrata. Linn. Dec.
Belladona d'Espagne, a fleurs
violette.
Cent. 9.
Briant Sculp.

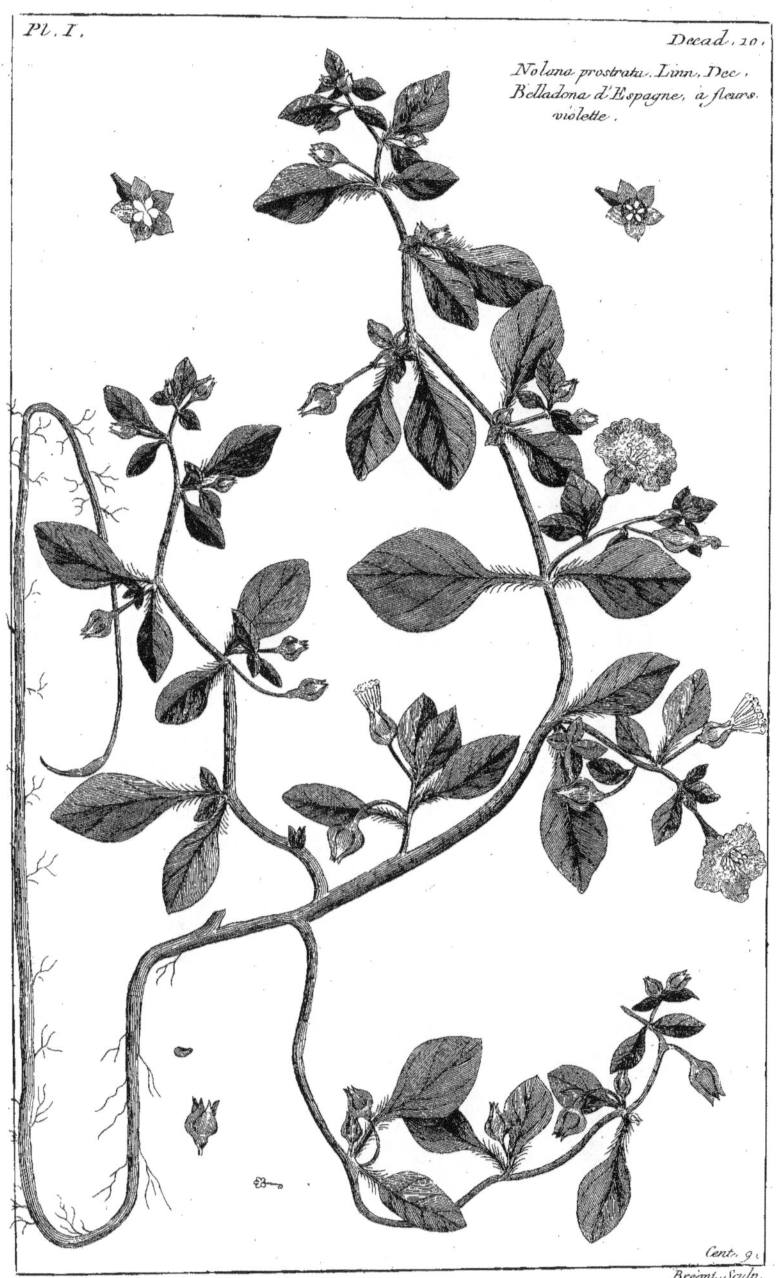

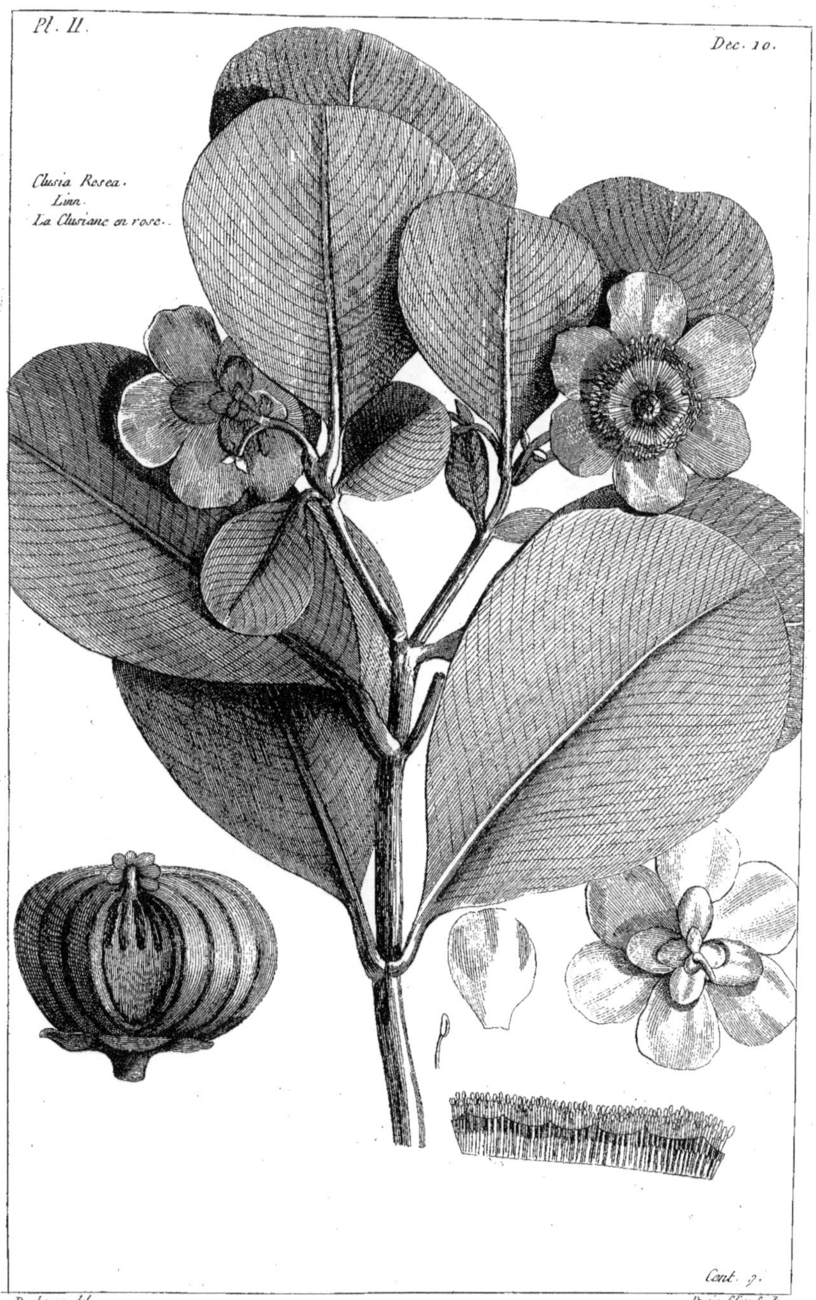

Clusia Rosea.
Linn.
La Clusiane en rose.

Cent. 9.

Duchesne del.

Dupin filius Sculp.

Pl. III.
Decad. 10.
Tripsacum hermaphroditum, Linn. Sp.
Chiendent hermaphrodite, en forme de Bled.
Cent. 9.
Breant, Sculp.

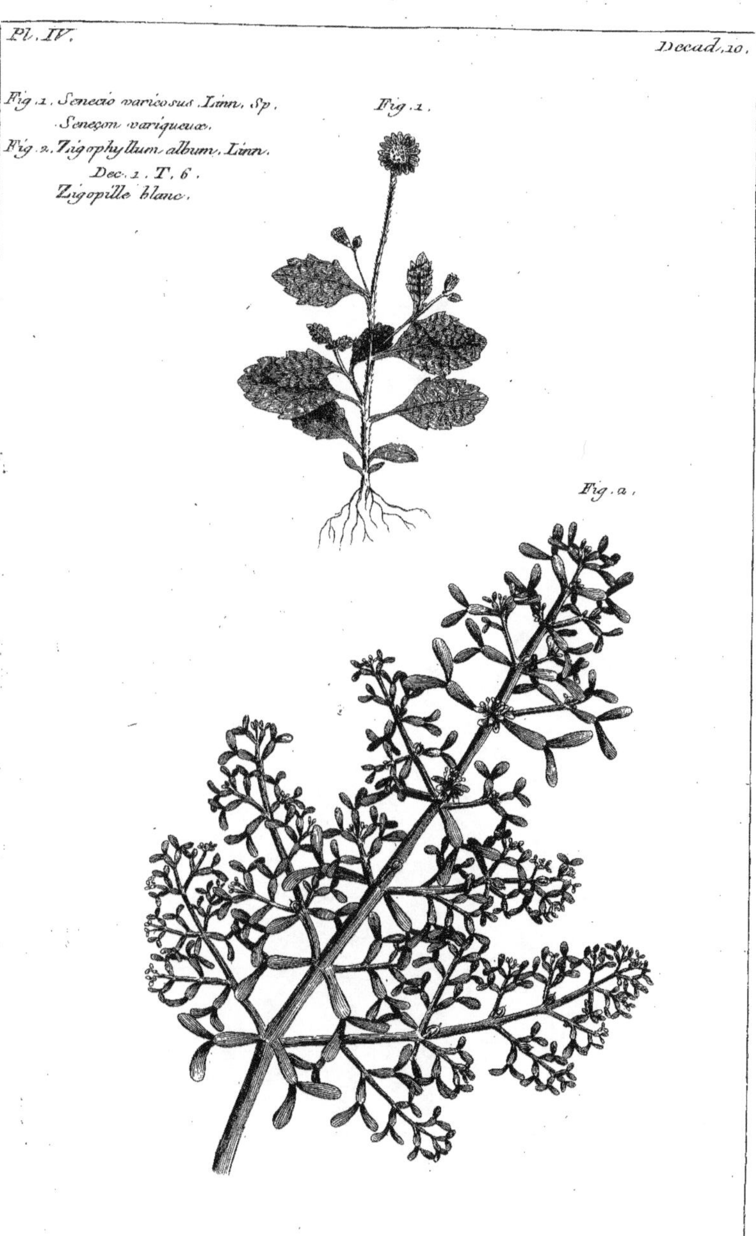

Pl. IV.
Decad. 10.
Fig. 1. Senecio varicosus Linn. Sp.
Seneçon variqueux.
Fig. 2. Zigophyllum album. Linn.
Dec. 1. T. 6.
Zigopille blanc.
Fig. 1.
Fig. 2.
Cent. 9.
Breant, Sculp.

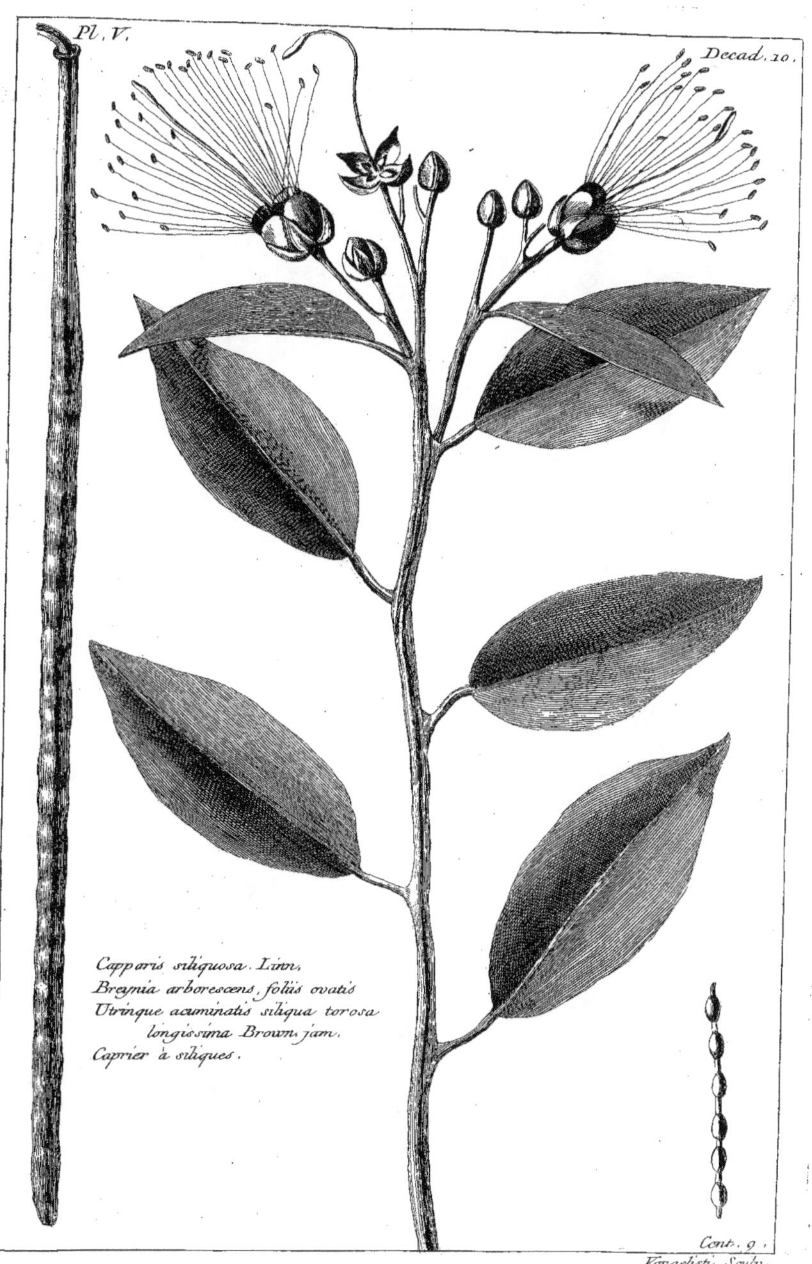

Pl. V.
Decad. 10.
Capparis siliquosa. Linn.
Breynia arborescens, foliis ovatis
Utrinque acuminatis siliqua torosa
longissima Brown. jam.
Caprier à siliques.
Cont. 9.
Vangelisti, Sculp.

Siliquastrum triphyllum non
spinosum plum,
Siliquastrum non epineux,

Cent. 9,

Vangelisti. Sculp.

Pl. VII.
Decad. 10.
Pyrola rotundifolia. Linn.
Pyrole à feuilles rondes.
Cent. 9
Vangelist. Sculp.

Cyclamen europæum. Linn.
Pain de Pourceau.

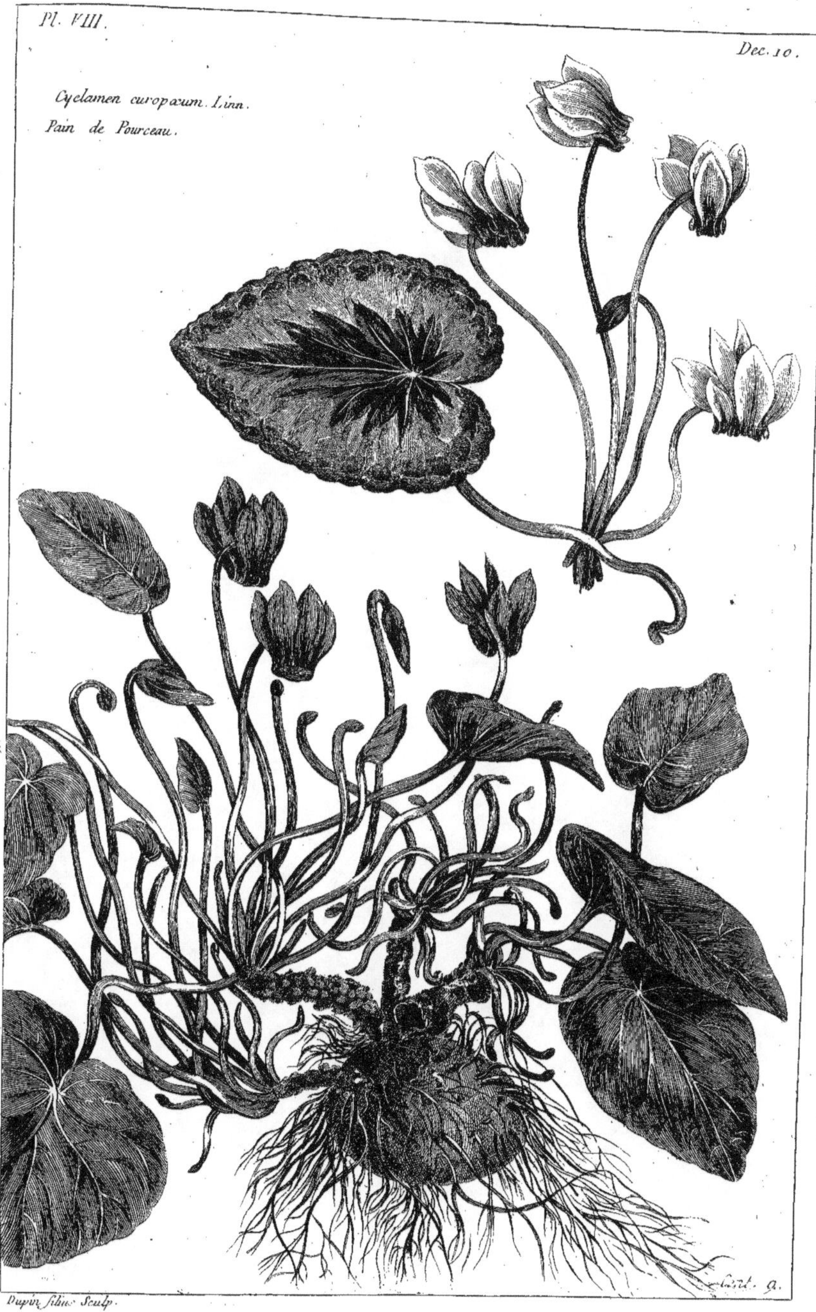

Dupin filius Sculp.

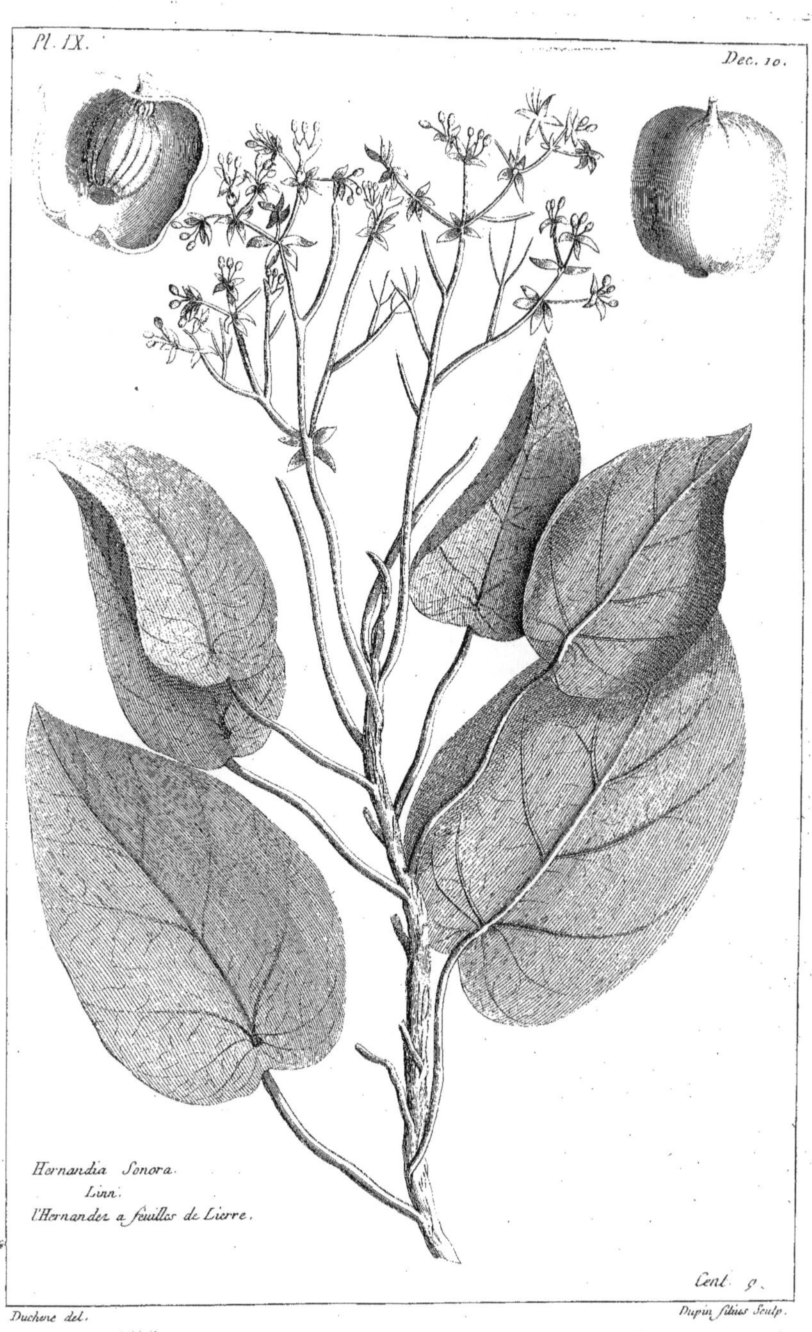

Pl. IX.
Dec. 10.
Hernandia Sonora.
Linn.
l'Hernandez a feuilles de Lierre.
Cent. 9.
Duchene del.
Dupin filius Sculp.

Lunaria rediviva.
Linn.
la Grande Lunaire.

Dupin filius Sculp.

Cent.ᵉ 9